变迁

北京城的远去与再生

王冰冰 著

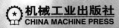
机械工业出版社
CHINA MACHINE PRESS

本书从城市设计的角度，分析北京的地域性发展特征，探索城市发展趋势。书中梳理了北京城市和建筑发展的背景和脉络，剖析了全球化发展和地域特色保持之间的矛盾，从传统要素的淡化与再生、异质要素的对立与整合、普适要素的发展与叠印三个层面，探讨了北京城市和建筑发展的现象、内因和策略。

本书适合任何热爱北京这座城市、对其形成和发展感兴趣的读者，也适合建筑学和城市规划领域的学生、学者、从业者及管理者等相关人士阅读。

图书在版编目（CIP）数据

变迁：北京城的远去与再生 / 王冰冰著 . —北京：机械工业出版社，2018.2

ISBN 978-7-111-58797-2

Ⅰ . ①变… Ⅱ . ①王… Ⅲ . ①城市规划—建筑设计—研究—北京 Ⅳ . ① TU984

中国版本图书馆 CIP 数据核字（2017）第 320239 号

机械工业出版社（北京市百万庄大街 22 号 邮政编码 100037）
策划编辑：赵 荣 责任编辑：赵 荣 郭克学
责任校对：王 欣 封面设计：孙 淼
责任印制：常天培
北京联兴盛业印刷股份有限公司印刷
2018 年 6 月第 1 版第 1 次印刷
148mm×210mm・8.625 印张・201 千字
标准书号：ISBN 978-7-111-58797-2
定价：59.00 元

序

北京作为千年古都充满着复杂的生长与发展的轨迹，去梳理这样的艰难问题需要极大的勇气和毅力。

这个问题与我而言略显陌生，其中缘由乃无法切身去体会她；而作者本人恰恰长期生活在这里，亲身体会远高于我，十余年前就开始关注并思考北京城的过去和现在，乃至未来之间的内在关联和发展脉络。时光转眼即逝，当年的讨论和纠结犹在眼前，今日再去重新梳理时，却意外发现北京在新时代的背景下，许多当时讨论的问题今天已逐渐变成现实，或者正一步步地接近我们期许的愿望。这样的一个现象就成为今天出版此书的动力所在。

尽管我们努力以民族自信和文化自信去与全球化抗衡，也试图从本土和地域的视角去寻找北京的未来，但她的传承与特色究竟走向何方？这些现象仍值得我们耐心地去关注。北京的未来是充满期待的。

本书谈到传统要素的淡化与再生、异质要素的对立与整合、普适要素的发展与叠印是梳理北京城市演化的三个关键要素，尽管这仅仅是一家之言，但仍希望这些能对相关的研究工作者有所启迪与借鉴。当然争论或批评也在所难免，如果能促进这个问题的深化就是此书出版的目的之一。

张伶伶

2017 岁末

天作建筑

前言

　　北京是一座充满魅力的城市。她正襟危坐，又平实近人；她悠然自得，又活力跃动。你可以在雍容的皇家建筑中体会她的大气，也可以在接地气的胡同大院里感受她的平实；你可以在不急不慌的暮鼓晨钟中体会她的厚重，也可以在时髦前卫的各色场所里体味她的多元。无论你是老北京还是新移民，无论你是旅居者还只是一个匆匆过客，都会不约而同地爱上这座城市。

　　这座有着近千年建都史的城市，半个多世纪以来发生了巨大的变化，这些变化引来了人们的担忧，甚至批判。60多年前，拆城墙、拆四合院，令人扼腕叹息；20多年前，头戴"瓜皮帽"的"中式"新建筑流行，令人忧心忡忡；10多年前，新央视大楼这样的"怪房子"不断出现，令人担心北京成了外国建筑师的试验场……

　　传统，在急速发展的冲击下淡化甚至消失；而表达地域性的"新"方式又常常流于表面，不能表达更深的文化内涵。因此，如何令北京这座古老的城市在发展的同时，找到恰当传承历史、保持特色的途径，成为很多人关注和思考的议题，同时也是本书写作的目的所在。

　　本书梳理了北京城市和建筑发展的背景和脉络，剖析了全球化发展和地域特色保持之间的矛盾，从传统要素的淡化与再生、异质要素的对立与整合、普适要素的发展与叠印这三个层面，探讨了北京城市和建筑发展的现象、内因及策略。

　　本书适合任何热爱北京这座城市、对其形成和发展感兴趣的读者，也适合建筑学和城市规划领域的学生、学者、从业者及管理者等相关人士阅读。

　　对于前者，本书从城市建筑的发展变迁着手，给读者认识北京提供了可感、可忆、可思的线条与角度。在内容上，将城市和建筑同文化、历史、哲学、美学、政治、经济、民俗等融合起来，提高了一般读者对建筑的认知和感知能力。

　　对于后者，本书从传统要素、异质要素和普适要素三个层面展开研究，从纷乱的建筑表象中剥离出三条认识现象、分析内因、提出策略的线索，对北京的规划和建筑发展有学术参考价值。

　　本书是基于我对北京城市和建筑多年的热爱研究而成的。在写作中，我参阅了很多研究城市和建筑，以及文化、历史、哲学、美学、政治、经济、民俗等领域的书籍和论文，这些研究成果提供了可靠的基础资料，丰富和开拓了我的研究思路。同时，本书的写作也离不开张伶伶教授对我就读博士期间的教育和帮助，先生广阔的视野和独特的见地，给了我莫大的启迪。书中部分分析图绘制、照片拍摄、文字整理及版面设计工作，得到了我的研究生段锦芳、张钦尧、孙淼和韩晓静的大力协助；还有很多师长和朋友，曾经在讨论中给了我相当大的启发；责任编辑赵荣女士，则始终给予我极大的信任和支持。在此，一并表示诚挚的谢意！

　　最后，由于北京的发展是众人瞩目的热议话题，因而不免仁者见仁、智者见智，存在不同的思路和见解。本书仅是本人的一己之见，不当之处，望读者宽谅。

王冰冰

2017 年 11 月

于北京

目 录

第一篇

变迁中的北京城

壹

背景变迁

『政治地位』

『经济重点』

『文化氛围』

　　北京城（图 1-1）的形成、发展与演变，同自然环境和社会背景息息相关。自然环境在历史进程中没有太大的改变，而社会背景则始终处于不断的变化中。其中，政治地位、经济重点和文化氛围的改变，对北京城的影响最大。

北京城：一座古老的城市（2017）

北京城：一座现代的城市（2017）

图 1-1 北京城

政治地位

1. 古代封建帝都

1840 年之前，北京处于封建社会时期。金之前，各封国或地方性政权也曾建都于北京，但都不具有全国性意义。北京第一次正式成为具有全国性意义的显赫朝廷的都城，始于金。金于 1153 年迁都至北京，并改称"中都"。之后又历元、明、清三朝，除了金灭亡后的 38 年（1234年 2 月—1272 年 1 月）、明朝初期的 52 年（1368 年 8 月—1420 年12 月）、民国后期的 21 年（1928 年 6 月—1949 年 9 月），共 111年外，北京一直都是中国的都城。

长期作为封建社会政治中心的历史，对北京城市和建筑的发展产生了深远影响。

首先，政治地位影响了城市布局。按照皇帝"与天同构"的思想，城市布局采用同星象相对应的方式，宫城、皇城、内城、外城城市结构分明，城市分区各具含义。

其次，政治地位强化了城市礼仪性。城市规模、布局规则、防卫等级要体现帝都的威武，因此城市规模宏大，南北中轴线长达 8km，守卫皇城的城垣系统也比一般城市高大坚固，凸显皇城的威严壮丽。

最后，政治地位促使了北京雍容大气的建筑基调的形成。作为帝都，北京建有很多最高等级的建筑群及建筑物，如供皇家居住和处理朝政的宫殿、供皇家祭拜天地万物的坛庙、供皇家游乐的皇家园林、供皇家墓葬的陵寝等，建筑等级和数量非一般城市可比拟。这些建筑的建造，多遵循风水理论、五行思想和易经数理等学说思想，严格地遵循等级秩序，塑造皇室皇权的地位。

2. 近现代政权交替

1840—1911 年，北京是清朝都城，处于清政府统治下，但随着帝国主义入侵，其政治、经济、军事等方面受到不同程度的控制，建筑的样式风格和建造体系也深受西方文化影响。

1912—1928 年，北京是中华民国的首都，也是各派军阀争夺的中心，曾由北洋政府管辖。1928 年国民革命军北伐结束，国民政府定都南京，北京改为北平特别市。国民政府倡导探索传统文化，传统复兴式建筑由此发展起来。

1937 年"七·七"事变以后，北平被日本占领，被改称为北京；1945 年日本战败，中国第十一战区接收北京，恢复原名北平；1949 年 1 月，中国人民解放军和平进入北平市，同年 9 月改称北京市，10 月 1 日成为中华人民共和国首都。这一期间，由于社会动荡、政权交替、建设量偏小，因此政治中心的是与否都未对北京建筑产生过多的影响。

3. 当代中国首都

1949 年新中国成立以后，北京重新成为首都。其重续的政治中心地位，对城市和建筑发展影响深重。

首先，政治地位影响了城市定位。在 1949—2010 年期间，北京城市定位有几次大的转变（表 1-1）。在新中国成立初期，北京从原来为帝王服务的封建帝都转变为强调人民当家做主的首都，城市定位从消费型调整为生产型，旧城内大力发展工业的策略被广泛实施，长安街、天安门广场这些城市节点也被加以改造。1978 年改革开放以后，从前一阶段强调工业生产的定位转而向文化中心、交往中心转变。在这种转变的影响下，旧城中工业建筑的发展趋于停止，也不再刻意强调城市空间和建筑的特殊政治含义表现。但作为全国政治中心，其严肃性和礼仪性得以维系，城市布局保持了严谨方正的格局，注重整体秩序性，建筑方正、讲求气派、大气雍容。

表1-1 1949—2010年北京城市定位

年代	城市定位	文件
1949年前	消费城市	
1958年	政治中心、文化教育中心、科学技术中心、经济中心（注：经济中心是指工业发展中心）	《北京城市建设总体规划初步方案》（1958年）
1980年	政治中心、对外窗口（不一定要成为经济中心）	
1983年	政治中心、文化中心	《中共中央、国务院关于对〈北京城市建设总体规划方案〉的批复》（1983年）
1995年	政治中心、文化中心、国际交往中心	
1997年	政治中心、文化中心、国内外交往中心	
2004年	国家首都、国际城市、文化名城、宜居城市	《北京城市总体规划》（2004—2020年）
2008年	政治中心、文化中心、国内外交往中心、具有国际影响力的金融中心	《关于促进首都金融业发展的意见》（2008年）
2010年	政治中心、文化中心、国际交往中心、科技创新中心	《全国主体功能区规划》（2010年）《北京城市总体规划》（2004—2020年）

其次，政治地位导致北京追随苏联的脚步最紧密，大量学习苏联的城市规划和建筑设计经验。这对北京城市和建筑的发展产生了很大的影响。很多区域以单位大院为基本单元，街区封闭、道路间隔大。在建筑设计中，强调对民族形式的表达。

此外，政治地位还引发了来自中央及北京市领导的关注。在新中国成立初期，"以旧城为基础建设行政中心""拆除城墙"等决策的确定，都同首长意见有一定关系。在 20 世纪 80~90 年代，又出现了一大批采用"局部模仿传统建筑样式"手法、试图表现北京古都特色的建筑，也同时任领导所强调的"夺回古都风貌"方针有密切关系⊖⊜。进入 21 世纪以来，虽然从普遍意义上看，这种关注有所减弱，但重大项目的决策还是会受到一定影响。

经济重点

1. 古代自然经济

北京古代时期一直以封建经济为主，占主导地位的是以家庭为基本生产单位、以手工为主要生产方式的自给自足的小农经济，主要解决人们的温饱和生存问题。生产力水平的低下使得人们只能被动地靠天、靠地吃饭，因此对自然特别重视，包括天气、土地等自然因素。

一方面，这影响了建筑营造中对材料的选择，人们因缺少生产工具和生产技术的支持而没有能力创造更先进的材料和技术；另一方面，人们从心理上也依赖于使用直接源于自然的材料，如土、木。这种长期的农业经济，可以说间接地支撑了传统木构架体系的发生、发展，乃至高度成熟。

⊖ 陈希同 . 再谈"夺回古都风貌"[J]. 北京规划建设，1995（1）：6.

⊜ 朱自煊 . 关于夺回古都风貌的几点建议 [J]. 北京规划建设，1995（2）：5.

2. 近现代多元经济

近现代以来，随着封建社会的体制转变，封建经济逐步解体，资本主义开始萌芽，经济由传统的封建自然经济向多元近代经济过渡。这一时期经济构成多种多样，经济现象复杂，经济形态大致可分为三种，即封建经济、民族资本主义经济、在华外国资本主义经济。其中，封建经济趋于减弱，在华外国资本主义经济由强到弱，民族资本主义经济在曲折中前进。随着资本主义经济比重的加强，北京在金融、重工业、交通运输业、对外贸易等方面发展较快。在建筑领域，则相继出现了银行、车站等与经济活动相关的建筑类型，建筑结构技术等也随之发展起来。

1949 年新中国成立，政权稳定，但面临经济基础落后的状况。在城市发展上，没有采用将中央政府迁至西郊的方案，很大程度上也有当时经济承受能力不足的原因。为了发展经济，在旧城内大规模开展工业建设，出现了大量工业建筑和配套的住宅，改变了部分区域的城市结构和面貌。在建筑方面，由于经济原因，新中国成立初期被提倡的民族主义风格（主要为大屋顶形式），在 1954—1956 年期间开始受到批判；之后，甚至开始片面强调经济、不考虑美观问题。1959 年新中国成立 10 周年的十大建筑评选活动，重新唤起了对形式美的追求，但很快又陷入了经济困难时期，建筑仍然以"经济、适用、在可能的条件下注意美观"为原则。但事实上，建设量很少，建筑发展几乎陷入了停滞。

3. 当代市场经济

1978 年是中国当代历史上的转折点，这一年确定了"解放思想、实事求是、团结一致向前看"的指导方针，决定停止使用"以阶级斗争为纲"的口号，做出了把工作重点转移到社会主义现代化建设上来和实行改革开放的决策 ⊖。这些具有重大意义的转变，标志着我国进入了社会主义现代化建设的新时期。1995 年，我国明确经济体制从传统的计划经济体制向社会主义市场经济体制转变，经济增长方式从粗放型向集约型转变。之后，北京的工作重点也由原来的政治问题转向经济等其他问题，各方面发展都逐步进入了同国际接轨的体系中。

从北京城市定位的一系列变化中，也能够看出北京经济发展的转变。1980 年，针对新中国成立后北京作为工业发展中心的定位，提出北京"不一定"要成为经济中心，弱化了经济发展——事实上主要是指工业发展的比重。之后，北京城市定位中没有特别强调经济定位；至 1997 年，正式提出首都经济的概念，彻底摒弃了"发展经济就是发展工业"的理论，焦化厂停产、首钢外迁，北京经济结构开始转变。

2001 年中国加入世界贸易组织（WTO）之后，北京经济向服务业经济转型。2003 年的数据显示，北京金融业、通信业、房地产业等现代服务业占服务业的比例达 38.8%，服务业占 GDP 的比例为 61.4%；而 2014 年，这两个数据分别为 72.6% 和 77.9%。

2004 年，北京定位为国家首都、国际城市、文化名城、宜居城市，北京经济越来越重视融入全球化发展体系。2005 年和 2014 年，北京第三产业比重分别为超过 50% 和超过 79%，具有跨国公司部分地区总部职能的投资性公司数量分别为 146 家和 259 家，外资研发中心分别为 239 家和 503 家。

2008 年提出将北京建设成为具有国际影响力的金融中心城市。

⊖ 春光 . 中国经济体制改革大事记 [J]. 党员之友，2003（22）：27.

2009 年上半年，金融业实现增加值 856.1 亿元，在地区生产总值中占比达到 16.1%，位居全国首位。2016 年上半年，金融业实现增加值 2179.7 亿元，在地区生产总值中占比达到 19.1%。

这样以生产性服务业、文化创意产业、高技术产业和现代制造业为核心的"首都经济"产业体系，对北京城市建筑发展都有着极大的影响。城市迅速扩张，城市结构和城市空间都发生了巨大的改变，相应的建筑类型迅速发展，以经济效益为目标的建筑风格出现……经济成了当代北京城市建筑发展的重要背景，起到了前所未有的关键作用。

文化氛围

1. 古代稳定

北京长期的都城史，令其始终保持着文化中心的地位。

金时期，文化还是以汉族文化为主，交融了女真文化、蒙文化、佛教文化等。

至元朝，由于其多民族统一国家的背景，同时又与西方保持特殊的联系，因此在文化上实行兼容政策，无论是汉文化、喇嘛教、禅宗诸派、道教文化，还是源自西亚的伊斯兰教文化，以及源于欧洲的基督教文化，都在这一时期得到发展，这些文化也各自影响了相应的建筑类型发展。

至明朝，专制主义和中央集权的加强导致了文化的垄断性，以客观唯心主义的程朱理学为主流文化，压制了民间文化和进步文化的发展。总的来说，文化氛围不是很开放，建筑文化也依循古制发展。

至清朝，一方面北京仍然作为文化中心以自身文化为主线发展，另一方面西方殖民主义势力东进，欧洲等国的天主教耶稣会士纷纷来到北京传播文化，除宗教文化以外，还大量传播天文学、历算、火器制造、光学等西方科学文化。与此同时，神秘的中国文化也被传播到西方。

至清朝晚期，在西方文化的影响下，对封建文化开始进行反思和批判。这些文化交流对于建筑发展产生了一定的影响，虽然主流传统尚未发生绝对的动摇，但已经开始有了一些变化，出现了新的建筑类型，也出现了一些异域建筑风格。

2. 近现代动荡

近现代初期的 1928 年前，北京既是政治中心，也是文化中心；1928 年后失去了政治中心地位，但仍然是国家的文化中心，拥有一批国内外知名的大学，代表着国家高等教育的最高水平，更是学术思想的发源地，文化氛围始终很强。建筑文化受到这种影响，也表现为文化交融并进的发展特点。西方建筑文化大量传入，留学生留学并且回国的人数也大量增多。这种背景下，不仅西方建筑体系被广泛传播、新建筑类型被广泛接受，同时西方建筑教育体系、职业体系等都对我国产生了深远的影响。

1949 年新中国成立以后，北京文化中心的地位得以保持并进一步加强。最初学习苏联，与其文化交流广泛深入，从政治经济指导方针到设计理论、标准、手法和职业制度，都深受苏联的影响。但随着两国关系破裂，来自苏联的文化扩散被迅速中止，北京开始尝试创造既不同于苏联，又不同于自身过去的新建筑文化。

3. 当代加速

当代，北京文化中心的定位始终没有改变，并且随着政治和经济背景的转变，其文化氛围进入到了一个加速发展的时期。

经济快速发展直接推动了北京文化硬件和软件的提高。一方面，经济发展提供了硬件条件。北京的教育、科研、文化、艺术、体育机构和组织团体最多，大型文化设施拥有量也居全国首位，特别是 2008 年奥运会，更是加强了北京各种文化交流的硬件条件。另一方面，经济发展提供了软件条件。北京在教育科研方面投入巨大，聚集了人数众多的多方面高层次人才，拥有国内数量最多的两院院士，人们受教育程度较高，教育科技领域指数高于全国平均水平近一倍，信息化水平高。北京在各种文化活动上也投入巨大，文化交流机会多且层次高。

北京当代人口结构及阶层分级变化，也进一步加强了北京文化氛围的加速发展。一方面在人口构成上，人口总数量、人口城市化率和外来人口数量都飞速增加（表 1-2）。北京总人口数量从 1949 年的 420 万人，增加到 2008 年的 1695 万人，再到 2015 年的 2170.5 万人；北京城镇人口数量从 1949 年的 178 万人，增加到 2008 年的 1379.9 万人，再到 2015 年的 1877.7 万人；人口城市化率从 1949 年的 42.4%，提高到 2008 年的 81.4%，再到 2015 年的 86.5%；2008 年外来人口数量达到 465.1 万人，占总人口数量的 26.3%；2015 年常住外来人口数量则达到 822.6 万人，占总人口数量的 37.9%。

表 1-2　北京 1949 年、2008 年、2015 年人口数据比较

年代	1949	2008	2015
总人口数量（万人）	420	1695	2170.5
城镇人口数量（万人）	178	1379.9	1877.7
人口城市化率（%）	42.4	81.4	86.5
外来人口数量（万人）		465.1	822.6

另一方面，也是更重要的，北京阶层结构开始向后工业时期的"橄榄型"阶层结构发展，从 1995 年前后出现中间阶层⊖至 2000 年第五次人口普查，由专业技术人员、私营企业主、经理人员、国家与社会管理者、办事人员组成的中间阶层已达到 1/3⊜；至 2015 年，北京中间阶层的规模则达到了 55%，居北上广之首（上海为 51%，广州为 42.5%）⊜。这同 1978 年以工人阶级为主体、农民阶级和知识分子阶层为辅的状况有了根本不同。这种阶层结构显然也大大强化了北京的文化氛围。

文化氛围的加速发展促进了建筑发展，表现为建筑文化扩散活动的加速，主要借由全方位的信息媒介、大量的留学回国人员以及来华从业的外国建筑师完成。

同以往相比，信息媒介的具体手段明显增多、信息容量加大。从 20 世纪 80 年代开始，建筑理论文集译著、国外建筑期刊等纸质媒介明显增多。后来，电视媒体、互联网媒体等也有了快速的发展，尤其是互联网媒体，不仅信息量逐年呈几何级速度增长，还增强了传播的交互性和实时性，获取信息的途径由传统的被动式转为主动获取，同时获取的地点和时间都更加自由。在全球其他地方发生的建筑实践以及建筑理论阐释，都能够在很短的时间内通过互联网媒体便捷迅速地传播、主动地获取，信息数量更大。

⊖ 高勇 . 改革开放 30 年北京阶级阶层结构的变迁 [J]. 北京社会科学，2009（2）：45.

⊜ 赵卫华 . 北京市社会阶层结构状况与特点分析 [J]. 北京社会科学，2006（1）：13-17.

⊜ 李培林，陈光金，张翼 . 社会蓝皮书：2016 年中国社会形势分析与预测 [M]. 北京：社会科学文献出版社，2015.

此外，出国留学、短期交流的建筑师数量也大大增加。到 2013 年为止，我国留学人员总数为 305.86 万人，同 1872—1978 年的近百年间出国留学人员总数约 13 万人，以及 1978—2000 年的二十余年间出国留学人员总数约 34 万人的数字相比，在进入 21 世纪以后的不到 20 年间，留学人数为 270 万余人，数量急剧增加。此外，21 世纪以来留学人员回国的数量也大大增加，至 2013 年，归国留学人员总数为 144.42 万人，回国人数占出国人员总数的比例为 47.2%。北京作为文化中心，始终是留学归国人员首选的工作地点之一。

关于建筑学专业留学和归国人员的数量，虽然没有具体统计数字，但显然也是同我国的留学大趋势相符的。21 世纪以来，各大高校学生出国的普遍化和低龄化，以及各设计院留学归国应聘人员增多的现象也间接地说明了这种趋势。此外，由于经济水平的增长，建筑师自费或公派出国考察、短期学习的机会也明显增多，文化交流逐渐成为常态。

来华执业建筑师的数量也越来越多，介入程度越来越深入。据统计，1998—2003 年五年间，北京一些举办了国际设计竞赛的项目，包括国家大剧院、北京国际体育展览中心、北京 CBD 区域规划、中国电影博物馆、北京奥林匹克公园规划、五棵松文化体育中心、中央电视台、国家体育场、国家游泳中心、北京汽车博览中心、国家图书馆、首都机场扩建项目等，国外事务所介入的情况如下：在参赛的 232 个方案中，外国方案 112 个，占 48.3%；中外联合的方案 34 个，占 14.7%。而在优胜的 49 个方案中，外国方案 25 个，占 51%；中外联合的方案 11 个，占 22.4%，而最后经各方批准采用的实施方案，几乎都是外国或中外联合设计⊖。外来文化越来越强势，甚至有担心者

⊖　马国馨.三谈机遇和挑战 [J].世界建筑，2004（7）：21.

质疑北京成了外国建筑师的试验田。

　　总的来看，当代北京建筑文化扩散的速度很快，一方面改革开放之前禁锢太久的状态加深了对外来文化的渴望，建筑师在主观上多具有接受新文化的强烈意愿；另一方面，信息媒介的飞速发展、大量增长的迁移扩散人群数量在客观上也促使了文化扩散迅速蔓延。文化扩散的强度很大，迅猛而来的外来建筑文化相比我国改革开放之前的建筑文化具有一种显而易见的新鲜度，在设计理念、建筑技术等方面具有明显优势，更适合当代社会的物质和精神需求，风格形式方面也更具有视觉冲击力，符合新的审美需求，因此以一种强势态度扩散开来。文化扩散的覆盖面也很广，公共建筑、居住建筑、工业建筑等均有涉及。文化扩散的深度很深，设计理论、施工组织、建筑教育和职业注册制度等都受到深远影响。

贰

时
空
交
织

『时间的累积』

『空间的介入』

『时空的交织』

时间的累积

1. 城市

北京是金、元、明、清都城（图1-2），具有3000年的建城史、860余年的建都史。

金中都（1153年）是北京最早作为全国性意义的都城，位于现北京城西南部。它是在辽燕京城旧基上改建而成的，是模仿北宋汴京规划的城市。

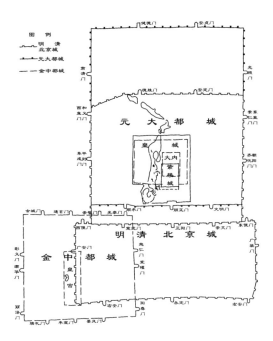

图 1-2　金中都、元大都、明清北京城址变迁

元取代金后，废弃中都，在其东北重新规划了大都（1271 年）。

明北京城在元大都之上发展（1407 年），北城墙南移，明中叶嘉靖年间（1564 年）又增设外城。

清北京城在明北京城基础上发展（1644 年），城址范围没有大的变化。明清北京城的内城，绝大部分街道按照元大都规划而形成，方正整齐。尽管外城街道有一些内城扩展前自发形成的、比较零乱的斜街，但从总体上看，明清北京城表现为非常严谨的、棋盘式的城市格局特征。

今北京城是在明清旧城址上发展起来的，原旧城的内城城墙大致在现今北京前三门大街以北的东二环、西二环，北二环和前三门大街所在位置，外城城墙大致在今北京前三门以南的东二环、西二环和南二环所在位置（图 1-3）。北京二环路以内的城区在老城旧址（包括

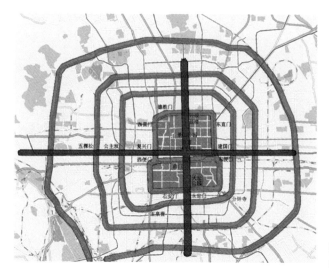

图 1-3　今北京和
明清北京城的关系

清北京城的内城与外城）上继续发展，尽管历经多次改造，如道路拓宽、
胡同拆迁、地块整合等，但老城的道路基本布局并没有太大的改变。

2. 建筑

除了具有特色的城市格局，北京古代建筑的地域特色也非常鲜明
并且稳固。这缘于其悠久的都城史和稳定的自然条件。北京现存的古
代建筑，无论是官殿、坛庙、皇家园林、陵墓、塔寺、会馆、王府还
是民居，基本上都是古代建筑营造法则的成熟体现。

对于北京古代建筑的总体风格，萧默先生在《巍巍帝都：北京历
代建筑》一书中用"雍容大度"四个字来概括。它"深沉而稳重，内
向而不失博大，肃穆而不失宽厚，显得是那么大气"。○正由于这种非

○　萧默. 巍巍帝都：北京历代建筑 [M]. 北京：清华大学出版社，2006：序.

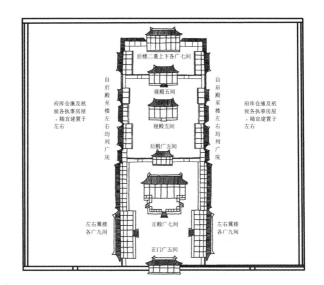

后楼二重上下各广七间

寝殿五间

寝殿五间

后殿广五间

自后殿至楼左右均列广庑

自后殿至楼左右均列广庑

府库仓廒及祇侯各执事房屋，随宜建置于左右

府库仓廒及祇侯各执事房屋，随宜建置于左右

左右翼楼各广九间

正殿广七间

左右翼楼各广九间

正门广五间

图 1-4 据《大清会典事例》绘制的清代标准亲王府

常鲜明并且特别稳固的特点，北京古代建筑才能在不断受到外来文化影响的情况下，仍然对近现代及当代建筑的发展产生延绵不断的影响。

归纳起来，1840 年前古代时期的北京建筑地域性具有如下表现特征：

第一，它们是在严格的总体城市布局控制下营造的。建筑群体依循城市轴线关系，以及方格网街道布局等秩序关系。

第二，建筑平面具有统一的组织规律。建筑单体以"间"为模数，再围合院落布局。无论是宫殿、寺庙、会馆还是民居等，绝大多数建筑均以此为统一的平面组织形式（图 1-4）。

第三，建筑遵循着严格的等级制度营造，不同等级的建筑具有不同的屋顶形式、色彩、建筑规模等。

第四，建筑以木构架为主要结构方式，以木材、砖瓦为主要建筑材料。这种结构类似于墙不承重的框架结构，具有布局灵活、抗震的优点。也因为材料的局限性，除个别的楼阁式建筑和塔，一般建筑以单层为主。

第五，建筑注重屋顶造型。坡屋顶为主要形式，分为庑殿、歇山、悬山、硬山、攒尖、单坡、卷棚等不同的形式。屋顶的轮廓丰富了建筑形象（图1-5）。

第六，建筑重视装饰。在色彩、纹样、材料、构件上，古建筑均具有丰富的处理方式（图1-6）。

紫禁城建筑群屋顶局部

紫禁城三大殿的庑殿顶和歇山顶

紫禁城角楼的歇山式十字脊顶

图 1-5　古建筑屋顶
注：紫禁城现名故宫博物院，后同。

月亮在装饰有仙人走兽的屋檐上升起

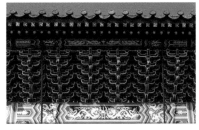
斗拱和彩画

图 1-6 古建筑装饰

今北京城市内至今保存完好、1840 年之前建成（部分在 1840 年后经过了修建或重建）的古建筑大部分存在于今二环路以内的老城区内，另有一部分散布于今二环路以外的城区及郊区（表 1-3、图 1-7）。

表 1-3 北京 1840 年前建成、保存完好的代表性古建筑

类型	建筑	位置
宫殿区 （图1-7中A）	紫禁城（现名故宫博物院）	北京中轴线中心
	天安门、端门	紫禁城以南
	太庙（现名劳动人民文化宫）	紫禁城以东
	社稷坛（现名中山公园）	紫禁城以西
	景山	紫禁城以北
楼阁 （图1-7中B）	德胜门箭楼	城北
	正阳门（前门）和箭楼	城南
	东便门箭楼	城东南角
	鼓楼、钟楼	中轴线上，紫禁城以北
坛庙 （图1-7中C）	天坛	南中轴线以东，东城区天坛路天桥东侧
	先农坛	南中轴线以西，西城区永定门内大街西侧，与天坛东西相对
	孔庙与国子监	东城区国子监街路北
	地坛	东城区安定门外大街东侧
	日坛	朝阳区光华路北侧

（续）

类型	建筑		位置
宗教建筑 （图1-7中D）	汉式 佛寺	法源寺	西城区法源寺前街
		智化寺（北京现存最大 的明代建筑群之一）	东城区禄米仓胡同东口
		大钟寺	海淀区北三环西路
		潭柘寺、戒台寺	门头沟区
		法海寺	石景山区模式口村
		碧云寺	海淀区香山东路
	汉式 佛塔	天宁寺塔	西城区天宁寺前街
		燃灯佛舍利塔	通州区
		潭柘寺塔林	门头沟区
		银山塔林	昌平区
		云居寺北塔	房山区
	喇嘛庙	雍和宫（由宅改寺的喇 嘛庙）	东城区雍和宫大街东
	喇嘛塔	妙应寺白塔	西城区阜成门内
		北海白塔	西城区北海公园内
		真觉寺（又名五塔寺） 塔	海淀区西直门外
	道观	白云观	西城区白云路东
		东岳庙	朝阳区朝阳门外大街
	清真寺	牛街清真寺	西城区牛街
皇家园林 （图1-7中E）	北海、中海、南海		西城区紫禁城西
	颐和园		海淀区
	香山见心斋		海淀区
陵墓	明十三陵		昌平区，从平原区过渡到山区的交界处
王府、民居和 会馆建筑	这类建筑在城市建设中遭到了一定程度的破坏，以各种名义进行的拆迁或改造使老北京城内这一群最大量、基本的建筑越来越少		主要散布于旧城区内

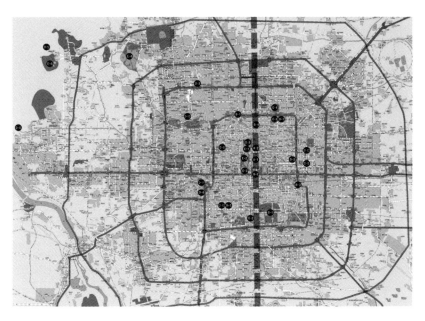

图 1-7　北京现存完好的代表性古建筑地图

A-1 宫殿区	B-1 德胜门箭楼	C-1 天坛	D-1 法源寺	E-1 北海
A-2 景山	B-2 正阳门（前门）和箭楼	C-2 先农坛	D-2 智化寺	E-2 中海
	B-3 东便门箭楼	C-3 孔庙与国子监	D-3 大钟寺	E-3 南海
	B-4 鼓楼、钟楼	C-4 地坛	D-4 法海寺	E-4 颐和园
		C-5 日坛	D-5 碧云寺	E-5 香山见心斋
			D-6 天宁寺塔	
			D-7 雍和宫	
			D-8 妙应寺白塔	
			D-9 北海白塔	
			D-10 真觉寺塔	
			D-11 白云观	
			D-12 东岳庙	
（注：部分远郊区县建筑未标出）			D-13 牛街清真寺	

空间的介入

1. 融入西方体系

1840 年开始，清朝在帝国主义的入侵下打开国门，西方文化日渐传播，建筑发展受到显著影响。

在强劲而来的西方文化与根深蒂固的传统文化相互交织的背景下，1840—1949 年间，北京的建筑表现出两股主要潮流：一股潮流模仿西洋建筑，另一股潮流模仿或改造中国古代建筑。这两股建筑潮流分别以一种文化为基点，吸收另一种文化进行演变发展。其中，西方建筑文化受到中国传统建筑的影响，有时会考虑布局、材料、样式的折中；中国建筑在延续传统的过程中，也受到西方建筑文化影响而在结构、样式上有所折中（表 1-4）。

表 1-4　融入西方体系时期的建筑特征

时 期	建筑特征	代表作	
		北堂	西堂
半殖民地半封建时期	融入西方体系——主体遵循西方建筑形式		
		南堂	东堂

（续）

时期	建筑特征	代表作	
		北京协和医院	北京图书馆
半殖民地半封建时期	融入西方体系——主体采用中国传统形式		

遵循西方建筑形式的建筑主要出现在这一阶段早期，但它们往往也根据北京的具体情况做出一些变化。如四大教堂在材料运用上，不似西方建筑全为石材建造，而是在除门窗口、边缘线、玫瑰花窗等重点部位和基部使用大理石外，其他部位大面积使用灰砖。此外，西方教堂在平面布局上强调坐东朝西，北京的教堂则不完全遵循此原则，而是依据毗邻的街道确定朝向，主要入口不论方向如何，均朝向街道。还有一些建筑局部采用一些中国传统建筑元素。如北堂（西什库教堂）坐落在一座中式台基上，环绕汉白玉栏杆，教堂左右两侧还各有一座中式重檐歇山碑亭；南堂则规划了三进院落，第一进院落的大门为中式。

后期一些建筑功能按照新式要求设置，但以中式建筑为主体。比较常用的手法为传统布局，采用大屋顶形式及传统的装饰构件，如雀替、斗拱、汉白玉栏杆等。清陆军部衙署总体布局按照中国传统纵深序列布局，局部装饰采用了万字、卷草、雀替等中国装饰题材。协和医院、圣经会、燕京大学、辅仁大学、北京图书馆也与其类似。

这一时期中西、古今多种体系并存，处于一种碰撞与交融的错综复杂状态，但总的来说，由于后期建筑功能和结构体系的更新，具有了融入西方体系的明显特征。

在这种碰撞与交融的并存状态中，可以清晰地看出三种要素的交织。其一是传统要素，是建筑地域特征形成的最本源要素，随着时间发展而演变生长；其二是异质要素，相对于传统要素而定义，是同传统要素相异的特质要素，起源多为本地域之外的地理空间范畴，通过某种传播途径进入本地域，进一步被接受或使用；其三是普适要素，是随着全球化进程而越来越显现的要素，它的来源地虽然可能属于某一特定区域，但由于具有发展的普遍性而迅速蔓延，各地区的发展态势没有特别的不同，因此往往具有一定的普适性。其中，异质要素同普适要素在某一历史时期可能会有部分重合，如前所述传入北京的西方建筑体系中的结构技术等，虽然在传入之初属于来源于外的异质要素，但发展到了后来，各地域之间的区别已经不大，不再具有典型的异质性，因而也就转变成了具有普遍意义的普适要素。因此，异质要素和普适要素的界定具有一定的时态性或动态性，是相对某一个特定的历史时期而言的。

这一时期北京现存的代表性建筑见表1-5。

表 1-5　北京 1840—1949 年间的代表性建筑

建成年代	建筑		位置
1900 年前后	天主教四大教堂	东堂：罗马复兴式教堂	东城区王府井大街
		西堂：哥特复兴式教堂	西城区西直门内大街
		南堂：巴洛克复兴式教堂	西城区前门西大街
		北堂（西什库教堂）：哥特复兴式教堂	西城区西什库大街
	亚斯立堂（现名崇文门堂）		东城区崇文门内后沟胡同
	中国圣公会救主堂（中国圣公会教堂）		西城区佟麟阁路（旧名南沟沿）
	基督教救世军中央堂		东城区王府井大街（旧名八面槽）

（续）

建成年代	建筑	位置
1909 年	陆军部衙署（现中国人民大学资料中心及清史研究所）	东城区张自忠路
	京师女子师范学堂（现北京市鲁迅中学）	西城区新文化街
1913 年	盐业银行（现中国工商银行）	西城区前门外西河沿
1917 年	北京饭店中楼（现名北京饭店诺金）	东城区东长安街
1921、1925 年	协和医学院（现名协和医院）	东城区东单三条
1926 年	圣经会（现基督教青年会）	东城区东单北大街
	燕京大学（现北京大学燕园）	海淀区北京大学北区
1930 年	辅仁大学（现北京师范大学"辅仁大学校友会"）	西城区定阜街
1931 年	北京图书馆（现国家图书馆分馆）	西城区文津街
	清华大学图书馆（在 1919 年建成的老馆基础上扩建）	海淀区清华大学内
	交通银行（现北京银行）	西城区前门外西河沿

2. 探索民族形式

新中国成立初期的 1950—1965 年期间，北京城市和建筑的发展深受苏联文化的影响。

苏联城市规划建设的思想理论首先影响了旧城改造和行政中心的确立问题。在梁思成和陈占祥代表的建筑学家提出的"保护旧城原貌，将行政中心移至北京西郊并另辟新区"方案，和苏联专家提出的"以天安门广场为中心，改造旧城，建设首都行政中心"方案之间，后者被采纳，奠定了北京城市单一中心发展的基本格局。在这一大的格局下，为了满足中央政府设置大量党政机关的功能需求，很多单位大院在旧城内整合土地、合并街区、圈地占地、自成格局，很多区域原有的城市结构被改变。

苏联的城市规划建设思想还影响到了建筑层面。一部分建筑直接模仿斯大林式建筑，采用下部宽大、顶部尖顶的形式赞美共产主义的理想社会秩序。典型的如北京展览馆（图 1-8）、军事博物馆。还有一些建筑，虽没有直接采用斯大林建筑形式，但其思想上受苏联影响，国际主义形式被弱化，民族主义风格被提倡，大屋顶成了主要表现手段。1960 年后，苏联的影响减小。同时考虑经济成本因素，"复古主义"（大屋顶形式）遭到批判，之后建筑形式便走向另一个极端——片面强调经济、不考虑美观问题。但 1959 年新中国成立 10 周年的庆典造就了一批献礼工程，又重新唤起了建筑对形式美的追求。

在这样的时代背景下，建筑理论界从最初几年的提倡民族主义风格、反对"国际主义"，转而批判"复古主义"（大屋顶形式），提

图 1-8　北京展览馆

倡走"新而中"的道路○。但"新而中"的"新风格"是一个宽泛的设定，概念的不确定性导致实践中并未出现理想中的"新风格"，仍然以"固有形式"为着眼点进行创作。

总体来看，1950—1965 年间的北京建筑使用现代材料、结构和技术，但形式上仍在探索民族化道路（表 1-6）。

表 1-6 探索民族形式时期（新中国成立初期）的建筑特征

时期	建筑特征	代表作		
新中国成立初期	探索民族形式："直接引用"	北京民族文化宫	友谊宾馆主楼	"四部一会"办公楼
	探索民族形式："片断移植"	北京饭店		北京火车站

首先，无论建筑表现形式如何，都以现代建筑理论的基本要素为基础。这一时期在建筑功能、结构形式、建筑技术、建筑材料等方面，已经吸取了现代建筑理论的思想，表现为建筑功能按照需求进行安排，采用砖混结构、框架结构以及一些较新的大跨结构形式，采用预制构件装配等。

其次，除少数直接仿照苏联建筑形式的建筑外，大多数建筑强调

○ 邹德侬 . 中国现代建筑史 [M]. 天津：天津科学技术出版社，2001：247.

地域特色的表达，并且多数借助于传统民族形式。

初期多用"直接引用"手法，主要以中国古代的宫殿和庙宇建筑为基本范式，在现代建筑上建造传统大屋顶。这种对大屋顶的模仿，构件及细部都仿照古典建筑，少有变形或缩减。典型代表有民族文化宫，其中央塔楼上建有绿色琉璃瓦的重檐四坡攒尖顶；友谊宾馆主楼，采用了重檐屋顶形式；"四部一会"办公楼，每座配楼都有一个重檐歇山大屋顶和两个重檐攒尖大屋顶。

后期多采用比较折中的"片断移植"手法，将局部传统构件的形式应用于新建筑上。这种手法尤其多用于 1955 年反"复古主义"（大屋顶形式）浪费之后。如北京饭店西楼为横三段构图，与毗邻的北京饭店中楼西洋传统建筑相和谐，但主入口设计了中国传统牌楼，目的是为了体现民族风格；首都剧场在建筑外部形式和室内装饰上采用了垂花门、影壁、雀替、额枋、藻井以及彩画等传统民族形式片断，表现民族形式；原建设部办公楼采用混凝土做法，模仿挑檐、瓦当、滴水等石室做法；北京火车站采用琉璃钟塔楼和琉璃瓦女儿墙；民族饭店檐口处栏板采用民族装饰纹样，入口两侧采用了园林庑廊花窗装饰图案；人民大会堂采用黄色琉璃瓦小坡檐口。

可以说，表现民族风格是当时表现建筑地域属性的主要手法，甚至是唯一手法。对民族形式的过分强调与对地域性其他特征的忽略，说明当时的建筑创作具有一定的局限性。

这一时期的建设数量较多，包括了宾馆、商店、剧场、体育馆、展览馆、医院、办公楼等大型公共建筑（表 1-7）。其中，1959 年评选的 20 世纪 50 年代"北京十大建筑"为：

1）人民大会堂／（1959）

2）中国历史博物馆与中国革命博物馆（两馆属同一建筑内，即

今中国国家博物馆）/（1959）

　　3）中国人民革命军事博物馆/（1959）

　　4）民族文化宫/（1959）

　　5）民族饭店/（1959）

　　6）钓鱼台国宾馆/（1959）

　　7）华侨大厦/（1959；1988年被拆除，现已重建）

　　8）北京火车站/（1959）

　　9）全国农业展览馆/（1959）

　　10）北京工人体育场/（1959）

表 1-7　北京 1950~1965 年间的代表性建筑

建成年代	建筑	位置
1953 年	和平宾馆西楼	东城区王府井金鱼胡同
	北京友谊医院	西城区永安路南侧
1954 年	儿童医院（现已改扩建）	西城区复兴门北大街
	北京饭店西楼	东城区东长安街老北京饭店（北京饭店中楼）西侧
	北京展览馆（原苏联展览馆）	西城区西直门外展览路北侧
1955 年	王府井百货大楼	东城区王府井大街
	友谊宾馆	海淀区中关村南大街西侧
	"四部一会"办公楼	海淀区阜成门外三里河西口
	首都剧场	东城区王府井大街
	北京体育馆	东城区体育馆路
	全国政协礼堂	西城区太平桥大街
1956 年	前门饭店	西城区虎坊路与永安路转角处
1957 年	北京天文馆	西城区西直门外大街南侧
	建设部办公楼（原建筑工程部办公楼）	海淀区三里河路
	中国伊斯兰教经学院	西城区南横西街
1958 年	中央广播大厦	西城区西长安街复兴门到南礼士路之间
	北京电报大楼	西城区西长安街北侧

（续）

建成年代	建筑	位置
1959 年	钓鱼台国宾馆	海淀区阜成路南侧
	北京火车站	东城区建国门与东单之间
	民族饭店	西城区复兴门内大街
	全国农业展览馆	朝阳区东三环北路
	民族文化宫	西城区复兴门内大街
	北京工人体育场	朝阳区朝阳门外工人体育场北路
	中国人民革命军事博物馆	海淀区复兴路北侧
	中国国家博物馆（原中国革命博物馆和中国历史博物馆，现已改扩建）	东城区天安门广场东侧
	人民大会堂	西城区天安门广场西侧，与中国国家博物馆相对
1961 年	北京工人体育馆	朝阳区三里屯工人体育场北路，东临工人体育场
1962 年	中国美术馆	东城区五四大街东段北侧
1964 年	中国民航总局办公楼	东城区东四西大街

之后的 1966—1977 年间，北京建设数量较少。一部分建筑受到政治因素影响，建筑艺术受到了很大程度的压制，建筑更多地在功能、结构技术、材料以及经济等方面做文章。如首都体育馆，第一次采用百米大跨空间网架，第一次使用活动地板和看台，第一次采用拼装体操台，是国内第一个室内冰球场，着重于处理建筑形象之外的问题；北京长途电话大楼也与此类似。另一些特殊建筑，如具有涉外意义的北京饭店东楼、国际俱乐部，具有政治和纪念意义的毛主席纪念堂，则沿用了之前强化民族形式的思路，手法也多采用前一阶段折中的"片断移植"手法，通过采用古建筑形式构件片断强调建筑的地域文化。例如，北京饭店东楼采用折中的手法，将坡屋檐同西洋式盲窗相结合，将古典装饰图案运用在高层建筑上，形成了"中而西""古而新"的形象。毛主席纪念堂则"移植"了坡檐、柱廊、民族运动雕像等形式

片断，使建筑呈现出"民族式"形象，以表达全民族对领袖的热爱（表1-8）。

表 1-8　探索民族形式时期（1966—1977 年）的建筑特征

时期	建筑特征	代表作
1966—1977 年	政治主导，不表达地域性	首都体育馆
	加强地域性，"片段移植"	毛主席纪念堂

这一时期的代表性建筑见表 1-9。

表 1-9　北京 1966—1977 年间的代表性建筑

建成年代	建筑	位置
1968 年	首都体育馆	海淀区中关村南大街
1972 年	国际俱乐部	朝阳区建国门外大街
1974 年	北京饭店东楼	东城区长安街北京饭店中楼东侧
1976 年	北京长途电话大楼	西城区复兴门大街
1977 年	毛主席纪念堂	东城区前门东大街

时空的交织

1. 追随现代风格

20世纪80年代初期至90年代，已经长期同国际社会脱节的北京迅速接受了西方现代主义建筑思想，国际式风格盛行。

国际式风格在形式处理上常常表现为形体简洁、运用现代材料、简化建筑语言、摒弃装饰等现代特征。这同之前20世纪50—70年代更多地强调民族形式、反对"国际主义方盒子"的设计思想比，有了很大的变化。但这类建筑过多地强调了现代特征,运用方盒子、平屋顶、条形窗等建筑语汇，相对忽视了建筑地域性的表现（表1-10）。中国社会科学院科研楼、北京长城饭店、中国国际展览中心、北京音乐厅、东单电话局、北京国际饭店、港澳中心、长富宫中心、京广中心、中央电视台等是典型代表。

表 1-10　追随现代风格时期的建筑特征

时期	建筑特征	代表作	
20世纪80年代初期至90年代	追随现代风格——强调现代特征；忽视地域性	东单电话局 	北京国际饭店
		中国国际展览中心 	中央电视台

2. 反思古都风貌

20 世纪 80 年代末至 90 年代，北京建筑界开始反思如何体现北京的地域特色。从 1986 年讨论"维护古都风貌"开始⊖，到 1993 年以后讨论"夺回古都风貌"⊖，这一阶段的建筑通常具有如下共同特点：具备完全现代的功能，运用现代的结构技术，但通过对传统建筑形式的局部形态模仿来表达北京建筑地域特色（表 1-11）。

表 1-11　反思古都风貌时期的建筑特征

时期	建筑特征	代表作		
20 世纪 80 年代末至 90 年代	反思古都风貌：片断移植"亭"	国家海关总署 	交通部办公楼 	北京西客站
	反思古都风貌：片断移植"屋顶"或"坡檐"	国家图书馆 	建内大街邮电局 	中国妇女活动中心

这一阶段常用的手法仍以过去的"片断移植"手法为主。与以往略有不同的是，由于接受了现代材料、技术以及西方现代建筑形式语汇，因此没有（也无法）直接复制传统建筑形式，而是采用了变形、

⊖ 北京市土建学会城市规划专业委员会. 举行维护北京古都风貌问题的学术讨论会 [J]. 建筑学报，1987（4）：23-29.

⊖ 京京. 北京开展夺回古都风貌的讨论收到良好效果 [J]. 城市规划通讯，1994（17）：5.

转化等手法。

"片断移植"的较常见对象之一是亭。如首都宾馆、国家海关总署、交通部办公楼、长安俱乐部等建筑顶部都有颇为古意的亭，这种在现代建筑屋面上生硬设计亭子的手法在北京西客站上发展到了顶峰，其顶部有若干组大小不一的仿古亭子，均由现代结构建造，不仅没有实际使用意义，而且造价昂贵，增加了结构负荷。

"片断移植"的另一个较常见对象是琉璃瓦屋顶或坡檐，应用于这一时期的一批建筑中。如国家图书馆，其主楼顶部采用双重檐、孔雀蓝琉璃瓦大屋顶；王府饭店，屋顶为传统琉璃瓦坡屋顶形式；中国人民抗日战争纪念馆、建内大街邮电局和中国妇女活动中心，屋顶局部采用绿色琉璃瓦坡檐。

从结果上看，这种缺少对传统文化内涵的深层理解，仅以形似为目标的手法，同以往相比不但没有进步，反而造就了一部分不考虑形体与尺度关系、生搬硬套民族形式、不伦不类的建筑。

3. 追随国际思潮

20 世纪 90 年代以后至今，随着社会发展，北京城市迅速扩张。道路交通体系扩展，城区范围越来越大，因而形成了与旧城结构完全不同的，按照汽车时代要求所规划建设的大尺度新城结构。

同时，随着北京开放程度的加大，北京越来越多地受到了外来异质文化和全球普适文化的影响。很多建筑表现出了与国际流行趋势同步甚至前卫的形式特征，如中国工商银行总部、中国石油天然气集团公司总部、中国海洋石油办公楼、西环广场、中关村金融中心、环球金融中心等建筑，它们大多数是高层建筑，具有通用的功能和结构形式，在建筑材料、技术、空间和形式方面都很"国际化"，而与此同时，北京自身的特色有所淡化甚至出现缺失（表 1-12）。

表 1-12　追随国际思潮时期的建筑特征

时期	建筑特征	代表作	
20 世纪 90 年代至今	大尺度新城结构发展，同旧城结构形成对立；建筑追随国际思潮——国际趋同形式；地域性淡化甚至缺失	中国工商银行总部 	中国石油天然气集团公司总部
		中国海洋石油办公楼 	西环广场
		中关村金融中心 	环球金融中心

4. 探寻北京特质

在一部分建筑追随国际思潮的同时，也开始有一些建筑探寻北京特质，以抗衡强势发展的外来文化和普适要素。

这类建筑主要采用两种方式，一种是"形似"，显性表现地域特征；另一种是"神似"，隐性表现地域文化内涵（表 1-13）。

表 1-13　探寻北京特质时期的建筑特征

时期	建筑特征	代表作		
20世纪90年代至今	探寻北京特质:"形似"显性表现地域特征	局部形态模仿:建筑结构构件	炎黄艺术馆 	光华长安大厦
			英东游泳馆 	新东安市场
			国家电力调度中心 	新世界中心
			首都图书馆 	国家开发银行
		局部形态模仿:建筑装饰构件	丰泽园饭店 	国际金融中心

（续）

时期	建筑特征		代表作	
20世纪90年代至今	探寻北京特质："形似"显性表现地域特征	局部形态模仿：建筑装饰构件	北京新保利大厦	北京市人民检察院新办公楼
	探寻北京特质："神似"隐性表现地域文化内涵		北京中国银行总部	中国科学院图书馆
			SOHO现代城	当代MOMA
			德胜尚城	三里屯太古里

（续）

时期	建筑特征	代表作	
20世纪90年代至今	探寻北京特质："神似"隐性表现地域文化内涵	国家奥林匹克公园 	清华大学图书馆新馆
		树美术馆 	红砖美术馆

（1）**"形似"显性表现地域特征** "形似"显性表现手法常对传统建筑构件的局部形态进行模仿，这在本质上同以往类似手法没有区别，但大都运用了新的手法，如简化、倒置、拼贴、置换材质等，脱离了"完全形似"的表现层次。

局部形态模仿的一个常见对象是传统建筑结构构件，典型的是屋顶。炎黄艺术馆采用了灰色四坡平面斜屋顶，形式与传统的曲面坡屋顶有所不同，但屋顶和墙身的比例关系使建筑具备了中国传统建筑的韵味。这种符合结构逻辑而生成的建筑形式是地域文化表达的一个积极探索。类似的还有光华长安大厦、首都时代广场、新东安市场、新世界中心、首都图书馆、国家电力调度中心等。

局部形态模仿的另一个常见对象是建筑装饰构件。如丰泽园饭店，在建造之初是珠市口西大街一带体量最大的建筑，为减少对周围环境的压迫，建筑呈收缩阶梯形体量，入口、窗、屋顶等部分的设计取材于北方民居的菱形窗格等元素，通过对传统形式的提炼表达地域特征。此建筑曾入选 1994 年北京"最具有民族风格的 50 座新建筑"。国际金融中心和北京新保利大厦，两座建筑的体量、中庭空间、玻璃幕墙等完全是异质要素和普适要素的表达，但前者采用了对称的格局，设计有传统隔扇划分风格的窗；后者用竖向不规则排列的石材百叶隐喻传统窗格构造。北京市人民检察院新办公楼，外墙面采用以中国古建筑木质门窗格尺寸（10cm×10cm）为基本单元构成的黑色金属网，以古典尺度塑造表皮肌理。

（2）"神似"隐性表现地域文化内涵　通过更为隐性的手法表现地域性的建筑，多以潜在的深层意味代替直接获得的浅层反应。这从本质上突破了之前单一地从形态上表现的局限，开始从多元角度探寻地域文化内涵的表达方法。

其中，有从表现传统院落、胡同的空间内涵出发的建筑手法。例如，中国银行总部通过中庭、中国科学院图书馆通过半围合内院、树美术馆通过不完整的椭圆形庭院组合，表达合院空间的传统内涵。SOHO现代城在高层建筑中设置每四层共享的空中庭院，当代 MOMA 设置高层建筑间的空中连廊，其共同的目的是唤起邻里交往的传统场所意义。德胜尚城和三里屯太古里，通过类似老城区的胡同空间组织建筑群体关系，通过交往场所的塑造唤起人们对北京旧城生活的记忆。

此外，国家奥林匹克公园的总体布局是通过对城市轴线的呼应和尊重而生成的；清华大学图书馆通过对相邻建筑空间、材料、色彩和比例关系等表达和特定建造环境之间的秩序关系；红砖美术馆则通过材料同园林空间的结合，表现大巧若拙、城市山林、生活场景的传统文化意境。

这一时期北京的建筑数量较多，其代表性建筑见表 1-14。

表 1-14　北京 1978 年至今的代表性建筑

建成年代	建筑	位置
1980 年	首都机场候机楼（现 1 号航站楼）	市区东北方向，地理位置处在顺义区，朝阳区管辖
1982 年	北京香山饭店	海淀区西山脚下香山公园内
1983 年	中国社会科学院科研楼	东城区建国门内大街
1984 年	长城饭店	朝阳区东三环北路亮马河畔
	中国剧院	海淀区西三环万寿寺北侧
1985 年	中国国际展览中心	朝阳区北三环东路静安庄
	北京音乐厅	西城区西长安街六部口
	东单电话局	东城区建国门内大街北侧
1986 年	中国银行大楼	西城区阜成门大街
	中央电视台	海淀区复兴路北侧
	大观园（1989 年全部开放）	西城区南菜园
1987 年	中国人民抗日战争纪念馆	丰台区卢沟桥宛平城
	北京图书馆新馆（后更名为国家图书馆）	海淀区中关村南大街西侧
	中央彩色电视中心	海淀区复兴门外大街北侧
1988 年	北京国际饭店	东城区建国门内大街北侧
	首都宾馆	东城区前门东大街北侧
1989 年	港澳中心	东城区朝阳门北大街东侧
	长富宫中心	朝阳区建国门立交桥东南侧
	王府饭店	东城区王府井金鱼胡同东口
	北京贵宾楼饭店	东城区东长安街路北侧，与北京饭店西楼相连接
	国家奥林匹克体育中心体育场馆	朝阳区亚运村地区

（续）

建成年代	建筑	位置
1990 年	京广中心	朝阳区东三环中路呼家楼路口
	中日青年交流中心	朝阳区亮马桥路
	中国国际贸易中心	朝阳区建国门外大街
	中国人民银行	西城区西长安街复兴门桥东北
	国家海关总署	东城区建国门内大街南侧
	国家奥林匹克体育中心与亚运村	朝阳区北四环中部
1991 年	炎黄艺术馆	朝阳区亚运村安立路与慧忠路交口东北
	清华大学图书馆新馆	海淀区清华大学老图书馆西侧
1992 年	华侨大厦	东城区王府井大街与五四大街交口东南
	燕莎中心	朝阳区东三环北路与亮马桥路交口东南
1993 年	大观园酒店	西城区南菜园，与大观园公园毗邻
	长安俱乐部	东城区东长安街南侧
	建内大街邮电局	东城区东建国门内大街南侧
1994 年	丰泽园饭店	西城区珠市口西大街
	交通部办公楼（现名交通运输部办公楼）	东城区建国门内大街北侧
	中央广播电视塔	海淀区西三环中路西侧航天桥附近
1995 年	北京西客站	丰台区莲花池东路
	全国妇联办公楼	东城区建国门内大街北侧
1996 年	光华长安大厦	东城区建国门内大街北侧
1997 年	外语教学与研究出版社办公楼	海淀区西三环北路与厂洼路交叉口
	恒基中心	东城区建国门内大街南侧

（续）

建成年代	建筑	位置
1998 年	中国工商银行总部	西城区复兴门内大街北侧
	国际金融大厦	西城区复兴门内大街南侧
	新东安市场	东城区王府井大街北段
	北京新世界中心	东城区二环路以内崇文门外大街
1999 年	首都时代广场	西城区西长安街西单路口东南侧
	中国银行总部大厦	西城区西长安街西单路口西北侧
	中国现代文学馆	朝阳区文学馆路
	八一大楼	海淀区复兴路北侧
	首都国际机场 2 号航站楼	首都机场 1 号航站楼控制塔东侧
	首都图书馆新馆	朝阳区东三环南路东侧
2000 年	北京植物园展览温室	海淀区香山脚下植物园中轴路西侧
	远洋大厦	西城区复兴门内大街南侧
2001 年	北京东方广场	东城区东长安街北侧
	国家电力调度中心（国家电网公司）	西城区西长安街西单路口东南侧
	北京 SOHO 现代城	朝阳区长安街延长线建国路与大望路交口的西南侧
	北京外国语学院逸夫楼	海淀区西三环北路北京外国语大学东校区
2002 年	长城脚下的公社（包含 12 座独立别墅）	延庆区水关长城脚下
	中国科学院图书馆	海淀区中关村地区北四环西路北侧
2003 年	中关村软件园信息中心	海淀区中关村软件园内
	国际投资大厦	西城区阜成门北大街官园桥东南角

（续）

建成年代	建筑	位置
2004 年	北京大学国际关系学院	海淀区北京大学校园内西门附近
	望京科技创业园二期	朝阳区望京科技园区毗邻北五环的地块
	联想集团（北京）研发基地	海淀区上地信息产业基地北区 1 号地
2005 年	德胜尚城	西城区北二环德胜门箭楼西北
	北京西环广场	西城区西直门立交桥西北角
	首都博物馆新馆	西城区复兴门外大街南侧白云路口
2006 年	北京新保利大厦	东城区朝阳门北大街南侧
	北京市人民检察院新办公楼	东城区建国门立交桥西北角
	中关村金融中心	海淀区中关村西区
	中国海洋石油办公楼	东城区东二环朝阳门立交桥西北角
	公安部办公楼	东城区东长安街南侧
	北京电视中心	朝阳区建国路南侧
2007 年	国家大剧院	西城区西长安街南侧，人民大会堂西侧
	北京凯晨广场	西城区复兴门内大街南侧，中国工商银行大楼对面
2008 年	国家体育场（鸟巢）	朝阳区奥林匹克中心区东南
	国家游泳中心（水立方）	朝阳区奥林匹克中心区西南
	国家体育馆	朝阳区奥林匹克中心区，国家游泳中心北侧
	北京首都机场 3 号航站楼	首都机场 2 号航站楼东侧
	北京南站	丰台区南二环开阳桥东南角
	国家图书馆二期工程暨国家数字图书馆工程	海淀区中关村南大街
	中国石油天然气集团公司总部	东城区东二环东直门桥西北

（续）

建成年代	建筑	位置
2008 年	中国石化大厦	朝阳区朝阳门北大街
	中国科技馆新馆	朝阳区奥林匹克中心区北端
	北京汽车博物馆	丰台区南四环西路
	中央美术学院美术馆	朝阳区望京，中央美术学院校园东北角
	当代 MOMA	东城区东直门香河园路
	三里屯太古里	朝阳区工人体育场北路与三里屯路交会处
	北京大学体育馆	海淀区北京大学校园东门南侧
	银泰中心	朝阳区建国门外大街南侧
	北京奥林匹克篮球馆	海淀区复兴路北侧
	国贸三期	朝阳区建国门外大街北侧
2009 年	中央电视台新台址 CCTV 办公大楼	朝阳区东三环中路东侧
	三里屯 SOHO	朝阳区工人体育场北路南侧
	北京来福士广场	东城区东直门立交桥西南角
	中间建筑艺术家工坊	海淀区杏石口路
	北京环球金融中心	朝阳区东三环中路
	百度大厦	海淀区上地十街
2010 年	嘉铭中心	朝阳区东三环北路
2011 年	清华大学 ROHM 楼	海淀区双清路
	钓鱼台 3 号楼和网球馆	海淀区阜成路
2012 年	侨福芳草地	朝阳区东大桥路西侧
	银河 SOHO	东城区朝阳门桥西南角
	红砖美术馆	朝阳区顺白路 1 号地国际艺术园
	树美术馆	通州区宋庄

（续）

建成年代	建筑	位置
2012 年	凤凰国际传媒中心	朝阳区朝阳公园南路
	北京国际财源中心	朝阳区建国门外大街
	中国科学院化学研究所分子科学创新平台	海淀区中关村北一街
	北京地图出版基地	西城区白纸坊西街和白广路交叉口旁
2013 年	大都美术馆	东城区雍和宫国子监街内
	北京林业大学学研中心	海淀区清华东路
	中国科学院研究生院教学楼	海淀区中关村东路
	北京康莱德酒店	朝阳区东三环北路
	国家开发银行	西城区复兴门内大街
2014 年	望京 SOHO	朝阳区望京街与阜安西路交叉路口
	北京时间博物馆	东城区鼓楼东大街及地安门外大街交汇处
	人民日报社报刊综合业务楼	朝阳区金台西路
2015 年	北京浦项中心	朝阳区大望京科技商务园区
	新浪总部大楼	海淀区中关村软件园
	清华大学南区食堂及就业指导中心	海淀区清华大学校内南北干道学堂路与东西干道至善路交叉口
	光华路 SOHO2 综合体	朝阳区光华路
	北京大学环境科学楼	海淀区北京大学校园东北角
2016 年	北京魔方购物中心	东城区崇文门外大街与崇文门西小街交叉口
未竣工	中国尊	朝阳区国贸桥东北角
	丽泽 SOHO	丰台区丽泽桥东侧
	骏豪·中央公园广场	朝阳区六里屯朝阳公园南侧

1988 年评选的 20 世纪 80 年代"北京十大建筑"为：

1）北京图书馆新馆（后更名为国家图书馆）/（1987）

2）中国国际展览中心/（1985）

3）中央彩色电视中心/（1987）

4）首都机场候机楼（现 1 号航站楼）/（1980）

5）北京国际饭店/（1988）

6）大观园/（1986—1989）

7）长城饭店/（1984）

8）中国剧院/（1984）

9）中国人民抗日战争纪念馆/（1987）

10）地铁东四十条车站/（1984）

2001 年评选的 20 世纪 90 年代"北京十大建筑"为：

1）中央广播电视塔/（1994）

2）国家奥林匹克体育中心与亚运村/（1990）

3）清华大学图书馆新馆/（1991）

4）北京新世界中心/（1998）

5）北京植物园展览温室/（1998）

6）首都图书馆新馆/（1999）

7）外语教学与研究出版社办公楼/（1997/1999）

8）北京恒基中心/（1997）

9）新东安市场/（1998）

10）北京国际金融大厦/（1998）

2009 年评选的"北京当代十大建筑"为：

1）北京首都机场 3 号航站楼 /（2008）

2）国家体育场（鸟巢）/（2008）

3）国家大剧院 /（2007）

4）北京南站 /（2008）

5）首都博物馆 /（2005）

6）国家游泳中心（水立方）/（2008）

7）北京电视中心 /（2006）

8）国家图书馆（二期）/（2008）

9）北京新保利大厦 /（2006）

10）国家体育馆 /（2008）

叁

全球地域冲突

『全　球　化』
『地　域　性』
『冲突和分歧』

全球化

1. 概念

全球化是当今国内外各界使用频率最高的术语之一。有文献指出，"全球化"（Globalization）一词在英语词典中出现的时间为 1944 年，而与之相关的"全球主义"（Globalism）1943 年问世[一]。也有人认为，"全

　㊀　马俊如，孔德涌，金吾伦，等. 全球化概念探源 [J]. 中国软科学，1999（8）：7.

球化"一词最早由 T·莱维特（Theodre Levitt）于 1985 年在其《市场的全球化》一文中提出[一]。

1945 年，以联合国为象征的世界体系确立以后，各国之间相互联系和依赖的关系开始加深。1960 年以后，全球化成了国际问题研究的重点。1980 年后，跨国公司的出现促进了经济全球化进程，进而使"全球化"进入各个领域，成了内涵丰富而广泛，被不同学科依据各自的视角定义、解释、研究和探讨的概念。

关于全球化，有一些侧重点不同的理解。维基百科这样解释：全球化是随着货币、思想和文化在国际间流动的不断增长，人们之间也日益增长的交流互动。全球化主要是经济一体化的过程，同时也包含社会和文化层面。它涉及商品和服务，以及资本、技术和数据的经济资源[二]。俞可平认为，全球化的基本特征是：在经济一体化的基础上，世界范围内产生一种内在的、不可分离的和日益加强的相互联系，它是一种客观的世界历史进程，必将深刻地影响中国与世界的命运[三]。杨伯溆认为，包括经济、政治、社会、文化等在内的全方位的全球化……经济关系、社会关系和文化传播在时间和空间上的超越，就意味着国与

[一] 王述英，高伟 . 产业全球化及其新特点 [J]. 理论与现代化，2002（1）：39.

[二] 英文原文"Globalization (or globalisation; see spelling differences) is the increasing interaction of people through the growth of the international flow of money, ideas and culture. Globalization is primarily an economic process of integration which has social and cultural aspects as well. It involves goods and services, and the economic resources of capital, technology and data." 引自：http://en.wikipedia.org/wiki/Globalization.

[三] 约翰·诺尔贝格 . 为全球化申辩 [M]. 姚中秋，陈海威，译 . 北京：社会科学文献出版社，2008：1-2.

国之间边界的削弱甚至消失[⊖]。吉登斯认为，地方性的变迁是全球化的一部分[⊜]。

虽然对于全球化没有一个标准的解释，但对其的认识已经基本上达成共识：第一，全球化是一个客观存在的进程，中国同世界其他地区都受到了这一进程的深刻影响；第二，全球化发端于经济活动，但不仅限于经济，它涉及经济、政治、社会和文化各个层面；第三，全球化打破了国家、民族、地区的限制，超越了时间和空间，突破了原有的多中心状态，全球建立了一种内在联系。

2. 形成和发展

全球化形成的历史进程中有几个事件值得关注。第一个是 15 世纪末地理大发现；第二个是 18 世纪中叶世界市场的建立；第三个是 20 世纪中叶、第二次世界大战之后的第三次科技革命，人类社会从工业时代进入了信息时代，新技术推动了人类社会经济、政治、文化领域的变革，也影响了人类的生活方式和思维方式，由此世界经济真正步入了当今意义上的全球化时代。

基于以上历史，有文献将全球化形成的过程划分为前全球化时期、准全球化时期和全球化时期[⊜]，也有文献将全球化进程的时间框架划分为工业时代的全球化（15、16 世纪—20 世纪 60 年代）和信息时代（或知识经济时代）的全球化（20 世纪 60 年代至今）[⊗]。

⊖ 杨伯溆. 全球化：起源、发展和影响 [M]. 北京：人民出版社，2002：4.

⊜ 郁建兴. 全球化：一个批评性考察 [M]. 杭州：浙江大学出版社，2003：31.

⊜ 马俊如，孔德涌，金周伦，等. 全球化概念探源 [J]. 中国软科学，1999（8）：8.

⊗ Anthony Giddens. The Consequences of Modernity[M]. Cambridge：Polity，1990：64.

由于我国的历史发展过程与西方国家不尽相同，因此我国真正进入全球化进程的时期和各时期特点与西方国家相比有所滞后。

3. 内涵

全球化包括经济全球化、文化全球化、政治全球化和社会全球化四个层面的内涵。

经济全球化开始于工业时代，发展于信息时代。经济全球化的进程包含生产全球化、资本全球化、技术全球化、服务业全球化四个阶段。其中，生产全球化始于 20 世纪 60 年代，伴随着技术创新、工业生产统一化和全球协调化展开；资本全球化是随着全球产业转移、管制政策和技术创新等发展的；技术全球化是跨国公司为了提高技术使用周期和范围，以及减少研发成本和分担研发风险而产生的；服务业全球化是经济全球化发展进入新阶段的一个标志，尤其 21 世纪以来，服务领域跨国公司扩张、跨国投资和并购大幅增长、服务贸易发展迅速，是经济全球化的新特点。

文化全球化是在经济全球化的推动下发生的。经济全球化将文化和商品生产的关系变得紧密，伴随着商品的全球性传播，商品背后的文化信息，包括设计风格、审美观念，甚至是价值观念和意识理念都随之全球性传播。因此，经济全球化间接促进了全球文化交流和交融。文化全球化过程中有两个悖论。

一方面，是文化一体化的趋向。随着商品的传播，世界上各个地方的生活方式、审美趋向和价值取向等文化上更深层含义的内容都不可避免地发生了一定程度的趋同。

相反的一方面，是文化多元化趋向。文化作为一种价值体系，它的核心内容是道德风范和社会理想，包括世界观、人生观和价值观等，它渗透在人们的精神生活和物质生活之中，集中反映了各个民族的民族精神。随着全球趋同现象的发生，很多地区都对本地区文化传统消失产生了担忧和失落感，这种现代文化乡愁引发了反思，并促进了珍惜本地区、本民族特有文化的行为和思想。因此，本土文化不仅没有随全球化进程而消亡，反而受到前所未有的强调和保护。在维护本土文化独立性的同时，不同文化之间的接受度及包容度也随之加强。于是形成了文化的多极化、多元化以及分裂分离的趋向。

文化全球化的悖论已经得到许多学者的认同，如罗伯森看到了全球化带来的整体意识的加强，也看到了全球化同时张扬着文化的个性。在罗伯森之后，全球文化研究的重点不再是对是否存在一种世界文化而争论，而是着力寻找全球性与地方性相结合的有效途径和方式 ⊖。

政治全球化也是经济全球化的产物，它体现为普适意义的民主价值原则和观念的传播，国际政治格局的多极化，政治发展模式的多样化，国际政治关系的民主化和跨国的国际政治组织的发展 ⊜。

全球化的社会意义，主要指的是全球性的社会整合和分化。全球城市的出现是全球化进程中突出的社会特征 ⊜。全球城市的经济结构调整和服务业在全球城市中的崛起导致了与这种结构相适应的社会分层，一方面大量移民出现，改变了这些城市中以国家和民族为特征的社会结构，造成了新的、全球性的社会结构的分化和解体；另一方面，跨国资本和跨国公司造就了新的跨国资产阶级和高科技阶层，形成社会阶层的新整合。

⊖ 郁建兴. 全球化：一个批评性考察 [M]. 杭州：浙江大学出版社，2003：177.

⊜ 路红亚. 论政治全球化对当代中国政治文明建设的双重效应 [J]. 求实，2007，（6）：62.

⊜ 杨伯溆. 全球化：起源、发展和影响 [M]. 北京：人民出版社，2002：319.

地域性

1. 概念与内涵

地域所对应的英文为"Region"，此外，"Region"还有"地区""地方"等不同的译法。三种译法同时存在，其含义没有明显差别，本书均以"地域"代表"地区"及"地方"，以"地域性"对应英文"Regionality"。

建筑的地域性可看作建筑的基本属性，因为除某些活动建筑外，通常建筑都建设在某一地点，从属于某一地域，地域性也就与生俱来。

关于地域性的定义，建筑界也并没有一个统一的概念。张彤在《整体地区建筑》中这样定义地域性："在一定的空间和时间范围内，建筑因其与所在地区的自然条件和社会条件的特定关联而表现出来的共同特性[一]"。单军在《批判的地区主义批判及其他》一文中，将地域性释义为："广义的建筑（或称人居环境）在多层次的空间范畴中一个特定的地区和既定的历史时段内，与该地区自然和社会人文环境的某种动态、开放的契合关系，并且由于具体的条件不同，其表现的方式、复杂性以及程度也存在差异[二]"。袁牧在《国内当代乡土与地区建筑理论研究现状与评述》中对地域性的定义为："建筑活动与其所在地区必然存在某种适应并互动的因果关系（契合关系）的属性[三]"。

三个定义其实具有共同的内涵，区别在于局部修辞上的调整。无论采用哪种说法，对建筑地域性的理解关键有以下几点：

[一] 张彤 . 整体地区建筑 [M]. 南京：东南大学出版社，2003：14.

[二] 单军 . 批判的地区主义批判及其他 [J]. 建筑学报，2000（11）：23.

[三] 袁牧 . 国内当代乡土与地区建筑理论研究现状与评述 [J]. 建筑师，2005（6）：23.

第一，建筑是广义建筑的概念，它既包含建筑物，又包含建筑的环境、建筑者，以及相关的建筑活动。

狭义的建筑概念往往更关注建筑本身，将自然条件及社会条件等视为建筑的外部条件。而广义的建筑概念包括了建筑环境及相关活动，这就将自然条件及社会条件等视为建筑的内部条件，那么建筑同内部条件的相互关系就成了建筑自身的一种属性，即建筑的基本属性。

第二，建筑地域性具有空间维度，因而具有共性和个性双重意义。

地域是一定疆界内的地方，从地球、大洲、地区、国家、城市，到具体建设房屋的场地，都可称为地域。因此，地域是一个相对的概念，它的确定有一个参照体系，总是相对固定在由此参照系确定的空间维度之内。因此，根据空间参照体系的不同，建筑地域性具有"共性"和"个性"双重意义。在某参照体系内部，建筑地域性是此地域内建筑的共同属性（共性），但若将此参照体系扩大，在更大空间范围内，相对于其他地域而言，此地域的"共性"便是其特殊属性（个性）。因此，地域性是共性和个性的辩证综合体，二者的转换源自地域性空间维度的变化，对内为共性，对外则为个性。

第三，建筑地域性具有时间维度，因而具有稳定性和动态发展性双重意义。

对于"时间"概念，需要认识永恒变化性和连续性，即"过去"也曾经是"未来"和"现在"，"现在"也将是未来的"过去"。地域性来源于建筑与所在地域自然和社会条件等相适应、互动的关系，地域的自然和社会条件在相对小的时间视野中具有相对固定的特性，而在一个相对大的时间视野中，又具有不断动态变化的特性。

具体来说，在某一段时间内，地域的自然和社会条件稳定不变，建筑与之的关系也维持稳定，因此表现出的地域性也具有相对的稳定性。反之在更大的时间范畴里，地域的自然或社会条件会发生变化，建筑为与之适应、互动也将出现相应的变化。因此，地域性具有相对稳定性和动态发展性两重属性。还需要强调的是，这个时间维度是一个漫长而连续的过程，地域性的稳定是相对长期的稳定，动态变化也是缓慢地蜕变，而不是瞬间或短时期内的突变。因此，随着时间维度中地域自然和社会条件的发展变迁，地域性既在一定程度上延续着原有的地域属性，同时又不断形成新的特性。

根据一般意义上时间的划分，可以相应地将地域性分为过去的地域性、现在的地域性和未来的地域性（表1-15）。

表1-15 地域性和时间的对应关系

过去（传统）		现在（现实）	未来（理想）
过去的地域性	过去的过去性	现在的地域性	未来的地域性
	过去的现存性		

第四，地域性的表现（表现方式、表现的复杂性和程度）因具体条件不同而有所差异，地域性的表现没有固定的模式和框架。

广义的建筑概念包含了建筑环境，在同一地域范畴内，每一建筑具体的建筑环境会有所差异，地域性既包含与环境相关的生理需要，又包含与环境相关的心理意义需求，因此，地域性具有自身的适用性，而不是一种普遍的规律。另外，广义的建筑概念包含建筑者，那么与地域条件关联的方式和程度必然带有人的主观能动性，即人可以选择建筑地域性的表现方式和表现程度。因此，地域性的表达没有固定的模式和框架，最终的表达结果具有差异性，因具体情境、因人而异。

2. 地域性与民族性

在探讨地域性问题时，通常不可避免地提到民族性。但事实上，地域性和民族性是本质不同的两个概念。

《现代汉语词典》（第6版）对民族的定义为：①指历史上形成的、处于不同社会发展阶段的各种人的共同体；②特指具有共同语言、共同地域、共同经济生活以及表现于共同文化上的共同心理素质的人的共同体。

《中国大百科全书》将民族解释为：人们在历史上形成的有共同语言、共同地域、共同经济生活，以及表现于共同文化上的共同心理素质的稳定的共同体。

可见，地域是一个空间范畴，民族是一群人的共同体。地域性的概念由空间界定而来，更强调空间属性，注重由地理属性引发的一系列不同性质。而民族虽然在空间意义上属于某一地域，但民族性形成的根本不是相同的地域空间特性，而是一群人相同历史、文化和共同祖先等特性，由这些共同特质而引发的特定人群内部的共同属性，更注重人的情感和认知。

地域性和民族性是两个本质不同的概念，但二者某些时候会由于空间范畴上的重叠存在相似的表现。民族定义中也提及，民族的客观特质就包括共同的地域。处于某一地域之内的某一民族，由于地域性和民族性形成的自然、社会条件一致，因此二者的某些显性表现就会大致相同。而另一些时候，同一地域中存在不同民族，那么便会由于自然条件一致但社会条件有所不同，而出现二者的显性表现某些地方相同、某些地方不同的情况。因此，根据地域和民族之间在空间上的重叠程度，二者在显性表现上会出现或多或少、不同程度的重合。

总而言之，一个民族总是从属于某一地域，民族性的形成离不开地域特征影响；一个地域中若有民族的存在，地域性的形成也不可避免地会受到民族文化的影响。不过，虽然二者在显性表现上可能出现交集，但二者研究视角不同，影响因子也都不仅仅限于对方，因此两个概念不能混淆。

3. 地域主义及批判的地域主义

真正有意识地与地域性相关的理论研究源起于18世纪早期的"如画派"和18世纪晚期的"浪漫地域主义"。前者基于新的自然法则和自然形态，通过空间形态布局突出地域土地和植被等特性；后者主张以建筑唤起人们对过去、地域、种族特征的感知。

1924年，美国人刘易斯·芒福德（Lewis Mumford）发表了著作《棍与石——美国的建筑和文化》（Sticks and Stones），将地域主义的原则重新定义为"建立在对'场所'深深的理解之上，源于'科学的成就和真正的民主政治'，而非窒息于'帝国的'机制之中"[一]。他提出在环境和经济的基础上利用资源，强调地域建筑不仅仅是简单地采用地方材料或结构，还担负着协调人和现实生活关系的作用，用以弥补推崇科学和技术至上的"国际主义"在社会、制度、道德及价值观上的缺失。

1954年，吉迪翁（Siegfried Giedion）在《建筑实录》上发表题为《新地区主义》（New Regionalism）的文章，他倡导一种结合宇宙和大地情境的地域主义倾向。

⊖ Alexander Tzonis，Liane Lefaivre. 批判性地域主义——全球化世界中的建筑及其特性 [M]. 王丙辰，译. 北京：中国建筑工业出版社，2007：10.

20 世纪 40~50 年代，"地域主义"一直做着对战前 CIAM 思想的反抗，同"反地域主义"之间一直进行着"反抗与遏制"。但事实上到 20 世纪 60 年代，地域主义思潮还没有在美国真正复苏繁盛。

1981 年，"批判的地域主义"作为一个明确的概念，由建筑学者亚历山大·楚尼斯（Alexander Tzonis）和利亚纳·勒费尔夫（Liane Lefaivre）首先提出。1983 年，肯尼斯·弗兰姆普顿（Kenneth Frampton）在他的《走向批判的地域主义》一文和《批判的地域主义面面观》一文，以及在 1985 年再版的《现代建筑——一部批判的历史》中，正式将批判的地域主义作为一种明确和清晰的建筑思维来讨论。当然，弗兰姆普顿并没有"发明"批判的地域主义，他仅仅是识别和辨认出了这种已经存在相当时间的建筑世界观和建筑学派 [⊖]。

事实上，亚历山大·楚尼斯和利亚纳·勒费尔夫认为 20 世纪 50 年代芒福德的地域主义已经具有了批判性思想，其重要的标志是"所批判的不仅是全球化，也是地域主义本身"。芒福德的思维方式起源于伊曼努尔·康德（Immanuel Kant）的批判主义哲学，即以思辨的思维方式自省和反思。同时，芒福德还受到德国哲学家马丁·布伯（Martin Buber）"中间理论"的影响，即社会的主要存在状态是出于不断更新的中间状态，而非固定在传统的血缘关系和民族特征之中。因此，芒福德的地域主义超越了对抗，而寻求一条在地方同全球之间化解矛盾的中间之路。在这一点上，芒福德的地域主义具有批判性，是对传统定义的、极端的地域主义的再思考和发展。

亚历山大·楚尼斯和利亚纳·勒费尔夫认为，通过芒福德的著作

⊖ 沈克宁. 批判的地域主义 [J]. 建筑师，2004，（10）：46.

《棍与石——美国的建筑和文化》《技术与文明》《南方建筑》《夏威夷报告》《历史中的城市》和《城市前瞻》等著作，可以总结出芒福德地域主义的五个特征[⊖]：

第一，脱离了其旧有的形式，拒绝绝对的历史决定论。

第二，认为地域主义不仅仅限于场所精神，更应该发掘景观意义，以适应新的现实条件和当时当地的文化背景，并提出生态和可持续发展的思路。

第三，赞赏技术等工业化和机械化的新文明，只要它们在功能上是合理可接受的。

第四，认为多元文化并存的社区是人类社会群体的核心。

第五，在"当地"和"世界"，即现在所说的"地域"与"全球"之间建立了一种微妙的平衡。将"普遍与独特"的哲学关系引入建筑领域，改变了传统的地域主义与全球对立的立场。

可见，芒福德发展地域主义理论的时期虽然未出现"批判的地域主义"一词，但其地域主义的批判性思想是同后来被重新定义的"批判的地域主义"思想一脉相承的，因此在《批判性地域主义——全球化世界中的建筑及其特性》一书中，利亚纳·勒费尔夫对芒福德这一阶段的理论直接称之为刘易斯·芒福德的批判性地域主义。

在第二次世界大战以后，很多建筑师都受到了芒福德地域主义思想的影响，在实践上和理论上不断探讨着各种维度的地域主义理念。例如，维也纳理查德·诺伊特拉（Richard Neutra）的《场所的神秘与现实》一书表达了地域主义理论中建筑与场所的关系；英国詹姆斯·

⊖　Alexander Tzonis，Liane Lefaivre. 批判性地域主义——全球化世界中的建筑及其特性 [M]. 王丙辰，译 . 北京：中国建筑工业出版社，2007：22-26..

斯特林（James Sterling）的《地域主义与现代建筑》一文将英国的地域主义看作是对新帕拉蒂奥主义的回应，对这种国际风格和纪念碑式风格折中而成的新历史主义进行批判。

1985 年，弗兰姆普顿在《现代建筑——一部批判的历史》一书中认为"批判的地域主义"不是一种风格，而是一种具有某些共同特点的批判性的态度。批判的地域主义的六个要素可以说是对地域主义理论发展到当时的一个总结 ⊖：

第一，批判的地域主义被理解为是一种边缘性的建筑实践，它虽对现代主义持批判态度，但拒绝抛弃现代建筑遗产中有关进步和解放的内容。

第二，批判的地域主义表明这是一种有意识、有良知的建筑思想，强调场址对建筑的决定作用。

第三，批判的地域主义强调对建筑的建构（Tectonic）要素的实现和使用，不鼓励将环境简化为一系列无规则的布景和道具式的风景景象系列。

第四，批判的地域主义强调特定场址的要素，包括从地形、地貌到光线在结构要素中所起的作用。

第五，批判的地域主义不仅仅强调视觉，而且强调触觉。它反对当代信息媒介时代真实经验被信息所取代的倾向。

第六，批判的地域主义虽然反对那种对地方和乡土建筑的煽情模仿，但它并不反对偶尔对地方和乡土要素进行解释，并将其作为一种选择和分离性的手法或片断注入建筑整体。

⊖　沈克宁 . 批判的地域主义 [J]. 建筑师，2004（10）：46.

2007 年 1 月，亚历山大·楚尼斯和利亚纳·勒费尔夫出版《批判性地域主义——全球化世界中的建筑及其特性》，再次对地域主义及批判的地域主义理论同现代建筑发展思辨的历史进行了综述和回顾，并且对各地域的、运用批判性地域主义思想所进行的建筑实践活动做了系统的分析和介绍。

此外，还需要提及"乡土主义"这一理论。"'乡土主义'被奥兹坎（Suha Ozkan）视为是地区主义的一个方面，其另一个方面是现代地区主义。从字面和内涵上看，乡土主义和地区主义的主要区别在于，前者更注重那些民间的、自发的传统，后者则外延宽泛得多。……乡土主义不仅是建筑地区性表现的重要部分，而且是最具活力的一个方面[⊖]"。

冲突和分歧

1. 冲突

随着中国的快速发展，我国建筑界越来越关注全球化对城市和建筑的影响。郑时龄先生早在 2002 年 9 月重庆亚洲国际建筑交流会的主题报告中，就表达了对"全球化冲击地域性"这一问题的担忧。他说："全球化的概念已经对中国的城市规划和建筑界产生了重大的影响，这一冲击不可能回避，而应当深入地研究什么是全球化影响下的中国城市和建筑之路[⊖]"。这种观点同样出现在他的文章《当代中国城市的

⊖ 沈克宁. 批判的地域主义 [J]. 建筑师，2004，（10）：46.

⊖ 郑时龄. 全球化影响下的中国城市和建筑 [J]. 建筑学报，2003（2）：7.

一个"核心"问题——全球化带来的城市空间与建筑的"趋同性"》中，文中指出："城市空间与城市建筑的趋同性、传统城市和历史建筑的大量消亡，已成为当代中国城市的一个核心问题[⊖]"。

这一核心问题在北京得以显现。尤其 21 世纪以来，在全球化和地域性的冲突中，异质要素和普适要素强势发展，新城快速扩张，旧城的严谨结构和拙朴面貌不知不觉间已被改变（图 1-9），各种建筑风格混杂共存。

第一种是国际式风格，是最普遍和最大量的一种建筑风格。"国际式"一词是现代主义刚刚流行时，对国际通用形式的一种概括。虽然当代建筑形式已经发生了很大的变化，但国际式一词仍然表达了这类建筑具有雷同特征的含义。它们具有文化扩散和时代发展所带来的异质文化特征和普适技术特征，在建筑材料、设计手法上全球趋同，却缺少和北京的特定联系。这类建筑在北京数量很多，代表性的有中关村金融中心、中国石油天然气集团公司总部、海洋石油办公楼、西环广场等。

第二种是异域风格，主要表现为西方各国家、各不同发展时期的建筑风格。这种建筑风格随着人们对西方文化的认同而被广泛接受和喜爱。在大规模的开发建设中，这类建筑迅速地出现在北京各个角落，应用最多的是居住建筑，也有很多公共建筑，如写字楼、商场等偏爱这种风格（图 1-10）。

第三种是前卫风格，以与众不同的标志性为典型特征。典型的例子是中央电视台新台址 CCTV 办公大楼（图 1-11）。CCTV 办公大

⊖　郑时龄. 当代中国城市的一个"核心"问题——全球化带来的城市空间与建筑的"趋同性"[J]. 中华建设，2004，（5-6）：10.

从景山上看北京东部城区（2008 年）

从景山上看北京东部城区（2017 年）

从东城区小牌坊胡同看银河 SOHO

图 1-9　北京城旧城结构和面貌的改变

图 1-10　新闻大厦

楼从设计方案公布开始，就因为形式超出了平常人，甚至建筑师、结构工程师的想象力而成了热门话题。尽管批评声音从未间断，但"国情、传统、继承"这些声音都不堪一击，无力地被淹没在"现代、挑战、革新"的声音中。

　　这种建筑风格的出现和被接受有着深刻的社会背景。2000 年以后，我国全球化进程加速，渴望弥补几十年的差距、渴望与世界同步发展、渴望展现国家的富裕和强大。这种急于缩小差距、展现进步和实力的心态，引发出大量追随、模仿的做法，也激发出很多不吝巨资建设标新立异的建筑物的行为——"我们不仅要现代，更重要的是要显得现代"，"中央电视台总部大楼矗立在崭新的北京中央商务区中……这对具有非凡才华和梦想的建筑师库哈斯来说，无疑是一个大大的跃进。而这栋宏伟的建筑，像一个迈开大步的巨人，正是我们这个

主楼   北配楼

图 1-11 中央电视台新台址 CCTV 办公大楼

大跃进时代的最佳写照[⊖]"。言语中流露着对建筑背后"大跃进"本质的质疑，也警醒着我们关注这样一个问题：我们究竟要"大跃进"式地跟上，甚至引领全球化的步伐，还是静下心来细细思索我们飞跃式发展带来的地域性缺失？

2. 分歧

在全球化和地域性的冲突中，很多时候对于"建筑应该保有地域性"是不存在争议的。但是，对于"何为地域性"却存在着分歧。

⊖ 朱涛. 大跃进——读解库哈斯的 CCTV 新总部大楼 [J]. 新建筑，2003（5）：6.

从长安街看国家大剧院

从西侧看国家大剧院与人民大会堂

图 1-12　国家大剧院

　　对一些有争议的建筑，评论者、设计者各持己见——虽然评论者认为"没有"地域性，但是设计者认为并不是真的"没有"，而是因为他所阐述的地域性特征没有被评论者所感知和理解。分歧的关键问题在于二者对地域性的认知和表达存在偏差："地域性"并没有以评论者所认知的内容和方式在建筑中显现，而设计者认为其在建筑中依托的地域文化内涵和新的表现方式没有被评论者所体察。这是现阶段很多北京建筑存在的现实情况。

　　国家大剧院是一个受到广泛争论的建筑实例（图 1-12）。反对意见以院士联名书为代表，认为方案忽视了国情和本土文化。而建筑师安德鲁则阐释了建筑总平面形式同"天圆地方"意念的关系，认为建筑层层相套的空间映射了中国传统建筑层层相扣的院落风格，并声称，在建筑中可以找到中国文化的踪影，在找到自己传统的同时，又看到全新的建筑○。这里姑且对双方的论点不做评判，不过这一争论说明了这样一个事实：很多时候，在是否表现地域性上不存在矛盾，矛盾的关键在于二者对于地域性认识、表现方式存在分歧。

在近年来的北京建筑实践中，很多建筑都在尝试通过不同的手法表现北京地域文化，但总体上看，尚处于一个多元探索的自组织状态，未有清晰的理论构架指导实践。也因此，才会出现上述对地域性认知和表达产生分歧的情况。

3. 应对

对于全球化和地域性的冲突和分歧，薛求理认为："西方处于发展前列，逐渐形成以西方模式为范本的全球化趋势。发展中国家在走现代化之路的初始阶段，不免要西化，这种西化加速了现代化的进程。当现代化发展到一定程度的时候，这些国家要反思，去除西化，更有利其自身发展○"。

北京现阶段已经主动或被动地走在了"全球化"，或某种程度上"西化"的道路上。这一时期若要避免被异质要素和普适要素所同化，必须既了解自己也了解别人。因此，厘清可持续的传统要素，厘清已经深刻影响了北京城市发展的异质要素和普适要素，在三者复杂的交织中寻求平衡状态下的发展之路，是令北京城在变迁的过程中，既跟得上发展的步伐，又始终保有独特魅力的关键所在。

○　王军. 采访本上的城市 [M]. 北京：生活・读书・新知. 三联书店，2008：196.

○　薛求理. 全球化冲击——海外建筑设计在中国 [M]. 上海：同济大学出版社，2006：94.

肆

城区和副中心定位

『北京的空间范围』
『城 区 的 发 展』
『副 中 心 的 定 位』

北京的空间范围

本书中"北京城"的空间范围是依据文化区的概念确定的。文化区是指某种文化特征或属于某种文化系统的人在空间上的分布。人文地理学对文化区的划分，通常分为形式文化区和机能文化区两类。形式文化区是指一种或多种具有共同文化特征的人所分布的地理范围，划分的关键依据是所共同拥有的文化特征；机能文化区则是根据政治上、经济上、社会上的某种机能而组织起来的地区，具有明显的边界和具有执行能力的政府机构。一般来说，一个国家、一个城市、一个选区等满足上述定义的都是机能文化区。

　　本书中的北京文化区主要是作为机能文化区的概念，具体的地域边界为：位于内蒙古高原和华北平原的交界处，西、南、北三面与河北省相邻，东南毗连天津市，总面积为 16410.54km² （图 1-13）。

审图号：京S（2016）024号

北京市规划和国土资源管理委员会
北京市民政局

图 1-13　今北京行政区划图

北京作为机能文化区的范围在不同历史阶段有所不同。历史上幽州、涿州等名称为大北京概念，除城址所在地外，还包括其他管辖区域；而蓟城、南京、中都、大兴府、大都、北平、北京等为城址所在地（详见附录 A、附录 B）。历史上，虽然建筑大都建在城市之中，但城市之外也不乏重要的建筑存在，如金中都创北京建坛之始，在城外四郊建南郊坛（天坛）、方丘坛（地坛）、朝日坛和夕月坛；明十三陵建于北京城北郊；清朝在北京城西北郊修建了大量的园林建筑。

现代以后，尤其是 20 世纪 80 年代以后，北京城市的范围前所未有地扩大，发展了新的城区（市区）以及新城（卫星城）和镇，大量建筑也随之蔓延到这些区域。

远看历史，具有文化影响力的建筑分布不限于城址之内；近看城市扩展，建筑活动更加不再局限于中心城区内。因此，研究北京的城市和建筑变迁，不能仅仅针对有历史传统积淀的旧城址，随着时代发展起来的其他城区也包含在北京的文化区范围内。

城区的发展

《北京城市总体规划》（1991—2010 年）中规划市区的范围，东起定福庄，西到石景山，北起清河，南到南苑，方圆 1040km^2；市区中心地区的范围大体在四环路内外，面积近 300 km^2。

《北京城市总体规划》（2004—2020 年）又提出了"中心城—新城—镇"的市域城镇结构。其中的中心城是北京政治、文化等核心职能和重要经济功能集中体现的地区，范围包括之前规划的中心城范围，再加上回龙观与北苑北地区，面积约为 1085km^2。新城共规划了 11 个，分别是通州、顺义、亦庄、大兴、房山、昌平、怀柔、密云、平谷、延庆、门头沟，它们是在原卫星城基础上，承担疏解中心城人口和功能、聚集新的产业、带动区域发展的规模化城市地区，具有相对独立性。

2006 年，《北京市"十一五"时期功能区域发展规划》将北京划分为四大功能区：首都功能核心区、城市功能拓展区、城市发展新区和生态涵养发展区（表 1-16）。这些划分和定位主要基于区域经济发展、人口、资源、环境等发展目标，同时也与各区域发展的历史积淀和文化特点相吻合。

表 1-16　北京四大功能区（2006 年《北京市"十一五"时期功能区域发展规划》）

功能区	包含范围	备注
首都功能核心区	东城、西城、崇文、宣武	2010 年 7 月，东城、崇文二区合并为东城区，西城、宣武二区合并为西城区
城市功能拓展区	朝阳、海淀、丰台、石景山	
城市发展新区	通州、顺义、大兴、昌平、房山和亦庄开发区	
生态涵养发展区	门头沟、平谷、怀柔、密云、延庆	2015 年 11 月，密云和延庆撤县成区

2017 年 3 月，《北京城市总体规划》（2016—2030 年）草案编制完成，将北京空间结构规划为：一主、一副、两轴、多点（图 1-14）。其中，"一主"是指中心城区，包括东城、西城、朝阳、海淀、丰台、石景山六区；"一副"是指北京城市副中心通州；"两轴"是指中轴线及其延长线、长安街及其延长线；"多点"是指顺义、大兴、昌平、房山、亦庄、门头沟、平谷、怀柔、密云、延庆 10 个周边城区。同上一阶段比较，突出的变化是通州，从发展新区的定位转变为副中心，重点发展。

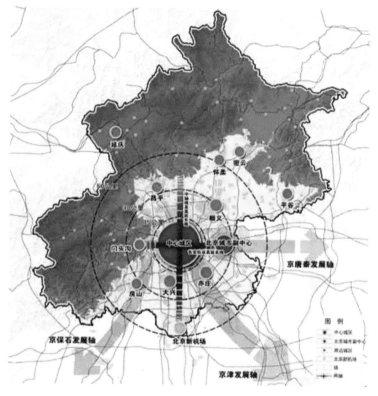

图 1-14　北京城市空间结构《北京城市总体规划》（2016—2030 年）

1. 主城区：首都功能核心区和城市功能拓展区

　　主城区包括 2006 年《北京市"十一五"时期功能区域发展规划》中的首都功能核心区和城市功能拓展区。

　　首都功能核心区包括东城区和西城区，是传统意义的旧城所在地，是承载最多传统城市印记的区域。旧城最具特色的首先是城市格局。旧城南北中轴线控制下的棋盘状基本城市格局大体得以保留，但在发展过程中存在大量的遗憾，如城墙和大部分城门被拆除，许多道路为了适应发展被拓宽，许多地块被合并整合改变了原有尺度等。在建筑方面，由于受到新中国成立初期的变消费城市为生产城市的思想，以及 20 世纪 80 年代后过度追求经济发展的影响，也犯了很多盲目拆建的错误。在拆方面，除了拆除一些有历史保护价值的建筑单体外，更有成片拆除胡同民居，或只保留单个历史建筑而拆除周边区域建筑的情况发生。在建方面，也有不少突破限高，不考虑整体环境只强调自身的实例。

从旧城的历史经验和教训来看，北京旧城独有的大气魄、大格局，很难由单体建筑或局部建筑群形成，因此发展时要避免简单粗暴的破坏式建设，也要避免单点式保护或建设。要以城市整体格局为根本，从保护城市轴线、平面肌理和高度秩序的整体性着眼，维系城市特色。

城市功能拓展区包括朝阳、海淀、丰台和石景山，是新中国成立以后逐步发展起来的重要城区。20 世纪 80~90 年代，这些城区发展尤为迅速。其中，有的区域是经过整体规划而形成的，如借亚运会之机发展起来的亚运村地区，以高科技为导向的中关村、上地地区，以商务功能为核心的 CBD 商务区、丽泽商务区等；有的区域是随商业开发或轨道交通发展逐渐成熟起来的，如朝阳区青年路沿线地区；还有的区域，是先大量建设住宅区，再逐步配套完善起来的，如望京地区。这种高强度和大规模的建设状态，在 2000 年前后开始升温，2008 年北京奥运会前后达到高峰。在这一轮快速的城市扩张中，经济发展和汽车时代的印记特别明显：地块划分大、道路宽、快速路多，建筑体量大、风格各异。这些特点虽满足了发展需求，却缺失了基本的人文关怀。这种关怀，既包含物质层面的使用便利性，又包含精神层面对文化家园的寻根溯源。随着时间的累积，人文缺失对生活的影响日益凸显。

2008 年北京奥运会的建设高峰过后，北京建设速度放缓。数据表明，2014 年建设用地和城乡建设用地增长规模分别为 2011 年的 48.5% 和 38.6%[⊖]。而国土资源部与国家发展和改革委员会联合印发的《京津冀协同发展土地利用总体规划》（2015—2020 年）提出，五年内不再安排新增建设用地。这种情况下，这四个区的城市和建筑发展趋势将变为环境整治和建筑改建。根据以往经验和教训，弥补人文缺失问题将成为要点之一。

2. 新城区：城市发展新区和生态涵养发展区

新城区包括城市发展新区和生态涵养发展区。2006—2015 年，为 11 个新区；2015 年京津冀协同发展上升为国家战略、通州从发展新区变为行政副中心后，为 10 个新区。其中，顺义、大兴、昌平、房山和亦庄开发区是城市发展新区，门头沟、平谷、怀柔、密云、延庆是生态涵养发展区。城市发展新区和生态涵养发展区，主要因产业结构和生态环境设置目标不同而划分，在文化上具有一定的相似性。

在这些区域中，除亦庄开发区（位于大兴区内）筹建于 1991 年外，其他地区均是在 1952—1958 年间从其他行政辖区划归北京的。自 1997 年起，又陆续撤县立区。因此，在历史沿革上，这些地区同传统意义上的"北京城"不属于一个机能文化区，也不具备相同的城市风貌。但这些地区自 60 余年前并入北京机能文化区以来，联系开

⊖ 孔祥鑫. 北京："十三五"时期压减建设用地总规模 [EB/OL].（2016-12-4）[2017-9-7]. http://news.xinhuanet.com/house/2016-12-04/c_1120047455.htm.

始建立。撤县立区的近 20 年来，随着城市扩展和交通发展，它们不仅同北京的时空距离日益缩短，同北京旧城的文化心理距离也在无形中缩短。由此看来，从前相对独立发展的远郊区（县），在今后也需考虑同旧城的文化相关性。

副中心的定位

2012 年，北京市第 11 届党代会提出将通州作为城市副中心进行建设。2015 年 7 月，中共北京市委十一届七次全会审议通过了《京津冀协同发展规划纲要》，通州正式成为北京市行政副中心，北京城市发展重心发生了新的变化。

按照规划，至 2020 年，通州新城规划范围内人口数量为 119.1 万，其中新城城区规划人口数量为 90 万；通州新城建设用地规模控制在 85km² 以内，人均建设用地控制在 95m² 以下；中心城区外的城镇建设用地为 17.2km²，人均建设用地控制在 120m² 以下；村庄建设用地为 22.2km²，人均建设用地控制在 150m² 以下 ⊖。随着 40 万人疏解至通州，未来通州将会增加大学、艺术中心、大剧院、会展中心、展览馆、纪念馆、博物馆、图书馆、大型体育中心、三甲医院等高等级服务设施，以 "建设和谐宜居、富有活力、各具特色的现代化城市" 为目标进行建设（图 1-15）。

⊖ 北京市规划委员会通州分局 .《北京城市总体规划》（2004~2020 年）第四章 新城规模 [R/OL].（2010-3-4）[2017-9-7]. http://www.bjghw.gov.cn/web/static/articles/catalog_76100/article_ff808081271d5bde01275a2c6b4900c6/ff808081271d5bde01275a2c6b4900c6.html.

图 1-15　通州新城规划图

（图片来源：传承千年运河文明再造京东魅力水城．北京市规划委员会—通州分局官方网站 http://www.bjghw.gov.cn/web/static/articles/catalog_77500/article_ff80808126f903970126f9f5d10010/ff80808126f903970126f9f5d10010.html）

作为北京的行政副中心，通州既要具有北京特质，又要避免之前城市扩张时走过的弯路。因而，科学、谨慎且具有预见性的规划理念控制和城市设计引导十分重要。

1. 规划理念控制

在规划层面上，通州副中心的建设确立了宜居、绿色、人文、协同的规划理念。

宜居理念，将通过缩小街区尺度、减小公共交通换乘距离、完善公共服务设施、增加公共空间等途径实现。缩小街区尺度的具体目标为：规划建设的街口间距大约在一两百米，形成适宜的街区尺度。而相比之下，除旧城保有原有路网格局外的其他城区，大多数路网间距大、密度低，相邻路口间距多数为四五百米。减小公共交通换乘距离的目标是：实现轨道交通与各类交通方式的换乘距离控制在 100m 以内，降低小汽车使用强度，建设一个以步行和自行车出行为主要方式的宜居城区。完善公共服务设施的目标是：增加中小学、医院、文化体育中心、博物馆、图书馆等公共服务设施，并将生活便利场所控制在人的 15 分钟步行可达范围内。增加公共空间的目标是：增加公园绿地和城市广场，实现约 85% 居民居住在距公园 200m 范围内，保障市民步行 10 分钟到达公园。

绿色理念，将通过划定生态红线、建设五大公园、结合平原和水系构建大尺度绿色生态空间的手段实现。五大公园，分别为大运河森林公园、东郊森林公园、运河国家公园、潮白河国家公园、顺义三河国家公园。大尺度绿色生态空间，包括建设大面积的环区生态林和湿地公园，也包括清洁水环境和海绵城市建设的含义。

人文理念，将利用运河和环球主题公园两个着眼点，实现本土化和国际化的共生发展。其中，恢复京蓟段运河的通航功能以及营造运河沿线景观的目标，是发掘历史含义和强调运河文化特色。环球主题公园的建设，主要目的则是带动国际文化旅游服务区的发展、促进国际交流。

协同理念，是基于京津冀协同发展国家战略和明确首都城市战略定位的宏观背景而来的。通州作为京津冀地区的关键节点，目标是协调同主城区、北京东部郊区及新城、廊坊北三县这三类区域的关系。同主城区的关系，要注重主次，减少对主城区的向心力，通过就业与居住功能均衡等手段分散主城区的人口和土地压力，改变北京单中心的空间格局。同北京东部地区和廊坊的关系，则要整体统筹、分工和联动，协同发展、共同管制（图 1-16）。

通州新城与北京总体规划结构关系图

通州新城与周边地区功能关系图

通州新城与周边地区交通关系图

通州新城与东部产业带空间关系图

图 1-16　通州新城规划（2005~2020 年）新城发展——区位分析图二

（图片来源：通州新城规划（2005~2020 年）新城发展——区位分析图二．北京市规划委员会—通州分局官方网站 http://www.bjghw.gov.cn/web/static/articles/catalog_76100/article_ff808081271d5bde01275c44ec3300e0/ff808081271d5bde01275c44ec3300e0.html）

图 1-17　通州新城滨水景观

（图片来源：未来通州. 北京市规划委员会—通州分局官方网站 http://www.bjghw.gov.cn/web/
static/articles/catalog_92300/article_ff80808126fa2cc10126fdf8f1a50047/ff80808126fa2cc10126f
df8f1a50047.html）

2. 城市设计引导

　　在城市设计层面上，《通州新城规划》（2005—2020 年）第
十四章"城市设计引导"⊖提出了"五流交汇、绿廊通水、河源古埠、
水岸新城"的总体城市形象目标（图 1-17）。

　　在总体上，将重点建设五条各具特色的滨水城市景观带；营建城
市主要绿化廊道与城市河流水域联结而成的城市自然景观网络；通过

　⊖　北京市规划委员会通州分局.《通州新城规划》（2005~2020 年）第十四章　城
　　　市设计引导 [R/OL].（2010-3-14）[2017-9-7]. http://www.bjghw.gov.cn/web/
　　　static/articles/catalog_76100/article_ff808081271d5bde01275c3c292100da/ff
　　　808081271d5bde01275c3c292100da.html.

保护燃灯佛舍利塔、张家湾古镇等城市历史建筑与街区，以及相关活动的举办，突出运河文化特色；沿北运河，高标准建设城市商务、金融中心区等滨水现代化新城。

在公共空间网络、城市开敞空间、城市节点、城市天际线、城市视廊、运河文化传承等重点问题上，也有具体的导则。

公共空间网络方面，提出了运河永顺段、运河梨园段、运河张湾段三处城市绿心为城市级重要公共空间，依托北运河、运潮减河、通惠河三条流经城市主要建设区的河流，建设城市滨水公共空间带，加强组团中心、轻轨站和重点项目的片区效应，强化各级公共空间的联系路径，并强化所有公共空间的开放性。

城市开敞空间，强调疏密有序。具体以河流和主要交通干线形成的绿化廊道为骨架，通过林荫路和景观大道联系各级开敞空间。

城市节点，围绕三处城市绿心营造主要景观节点，依托公共中心建设次级景观节点，规划商务中心区、现东方化工厂区域（远期发展）、北京东站、南部会展中心同燃灯佛舍利塔共同形成城市重要标志物，加强各类各级节点的景观意义，强化通州标志物的特色。

城市天际线，将遵循总体控制的原则，沿北运河两岸形成天际线，六环路过境段东西两侧形成新旧城市风貌的天际线。

城市视廊，以总体风貌为基本依据，沿运河与通惠河建设主题视廊序列，建立从城市各方向通向外围自然环境的各种视觉信道。

运河文化传承，以运河、燃灯佛舍利塔的历史内涵为依托，塑造滨水景观，承载公共生活、提升环境品质，合理利用岸线、控制建筑风貌，控制和营造天际线。

　　从上述的城市规划理念和城市设计导则来看，通州新城同北京主城区"一主一副"的关系定位清晰。作为副中心，强调疏解主城区人口和城市功能的作用，缓解主城区单中心造成的人口、交通、资源、环境等问题日益严重的大城市病。也是为了达到此目的，特别注重新城建设中的宜居、绿色和协同的理念，避免发展中又一次重蹈"单中心"的覆辙。此外作为副中心，通州强调自身的人文特色，一方面以运河文明为着眼点强化特质，另一方面以环球主题公园为基点营造多元的文化氛围。这种建立在自身历史积淀上的人文属性是有根基的，因而自然且可持续；而多元，同北京城市发展的属性一脉相承，也符合当代发展趋势。

第二篇

传统要素的淡化与再生

壹

从稳定到淡化

🦌

『古　代：形成与固化』
『近现代：震荡与转型』
『当　代：淡化与探索』

传统要素是北京城市建筑特色形成的最本源要素，随着时间的推移而演变，古代是它的形成与固化期，近现代是震荡与转型期，当代则进入了淡化与探索期。

古代：形成与固化

1840 年之前的中国处于封建社会时期，几千年间虽然有二十余朝皇帝的政权更替，文化上也有多次的对外交流，但基本上是连续的一元文化。

建筑发展始终处于一元文化影响下，因而基本方法及原则具有连贯性，一直遵循着稳固的发展路线：先秦至汉时期为萌芽与成长阶段，唐宋时期为成熟与高峰阶段，明清时期为充实与总结阶段。

同样，北京虽然也历经多次改朝换代，各时代有所差别，但在稳固的一元文化背景下，建筑传统要素总体上趋于稳定地发展。

近现代：震荡与转型

1840 年步入近代以来，社会制度变革以及外来文化的传入导致北京建筑发生了巨大变化，北京建筑被动而艰难地在传统继承和外来冲击两种不同力量的作用下展开。在突然而强大的外来异质要素冲击下，这一时期北京建筑的传统要素始终处在挣扎与抗衡的状态中，从总体上看，对传统要素的表现大都局限于民族形式上。

具体而言，在近现代的开端，1841—1900 年之间，传统的古代建筑体系仍在延续和演变，虽然北京城出现了一些教堂和外国使馆，但西方建筑并未对整个城市产生太大影响。

1901 年清政府变法之后，外来文化影响渐深，外来的欧洲建筑样式也逐渐多起来。

1912—1949 年新中国成立前，北京战乱和兵变频繁，政权交替，财政窘迫，建设量不大。这一时期北京建筑的传统要素在一些建筑中被忽略，或仅通过局部形态表现；在另一些建筑中则通过建筑布局、大屋顶形式及传统的装饰构件表现，表现重点和手法均比较单一。

新中国成立以后的初期阶段，出于强化新国家实力和特色的目的，国际主义形式被弱化,民族主义风格被提倡⊖,北京作为首都,更是如此。

⊖ 王世仁.民族形式再认识 [J].建筑学报，1980（3）：27.

到了 1955 年以后，围绕经济问题，复古主义和唯美主义遭到批判 ⊖，衡量建筑的重要标准从"唯美"转向"经济"。但是由于北京具有特殊的政治中心地位，因而，仍然建成了一大批表现民族形式的重要建筑物。其中包括作为国庆十周年庆典献礼工程的十大建筑。

1958 年以后，随着中国进入"大跃进"时期，中国开始提倡反浪费、反保守。至 1965 年期间，中国又经历了经济困难与"苏联撤走援助、中苏关系恶化"事件，导致经济形势和政治形势都十分严峻。

1966—1976 年的十年"文革"期间，更是由于政治运动导致了建筑发展的停滞，北京建设量很小。同时，这期间建筑问题上升到政治高度，学术问题与政治结论直接关联，在这种学术思想僵化的条件下，建筑传统要素仅仅在极少数的建筑上有所体现，而且仍然局限在表现民族形式的主题、"引用"或"截取"传统构件的手法上。

当代：淡化与探索

改革开放以来，北京建筑在对外开放和时代发展的背景下发生了很大的变化。一方面，由于对外开放，外来异质文化对北京建筑产生了强烈的影响和冲击，城市结构和空间发生了巨大的延展和变化，新型大体量和各种风格的新兴建筑迅速而大量地出现；另一方面，由于时代进步，普适的技术和功能快速地影响了北京建筑发展。在二者的作用下，北京建筑传统要素的发展也出现了相应的变化。

在 20 世纪 80 年代改革初期，现代主义建筑由于具有良好的经济性、快捷性和审美国际性等特点被普遍应用，传统要素被淡化。

⊖ 邹至毅. 必须在建筑科学中贯彻"百家争鸣" [J]. 建筑学报，1956（7）：60.

但在随后的 20 世纪 80~90 年代，人们很快地意识到，传统的缺失导致了北京地域特色的丧失，因而开始寻找方法表现传统。但这一时期，"古都风貌"被较多地局限在了大屋顶和小亭子等表面化的传统构件和符号上，对北京建筑传统要素的理解较片面，且表现方式单一。同 1949 年新中国成立之后那段时期的做法相比较，不仅没有质的变化，反而失去了对建筑尺度、细节的把握。这一时期的一大批建筑，传统要素成了随意拼贴的组件，既没有文化内涵，又没有形式上的美感。

到了 20 世纪 90 年代，随着开放程度的加深，异质要素的移植和普适要素的运用越发普遍和深入。二者合力形成的冲击再一次映射出了北京建筑传统要素缺失的困境。无论是城市结构还是建筑面貌，都发生了很大的改变。但同样，人们很快就再次意识到了传统要素对于北京建筑地域特色的重要意义，因此开始重新探索传统要素认知和表现。

步入 21 世纪，随着传统要素缺失现象的越加明显，探索传统要素的力量也越发活跃。越来越多的设计将"同传统文化建立关联"作为重要目标之一，且在观念和手法上都已经超越了之前"民族形式"的禁锢，开始从物质形态、精神内涵两方面加以尝试。在理论体系上，以崔恺院士为代表，提出了"建筑回归本土化"的观点，并通过一系列实践完善和验证。不过从总体上看，由于探索历程还较短，对传统要素的认知和表现上还存在更多需要探索的空间。

贰

传统要素的特质

『城市结构：棋盘式布局』
『胡同空间：过渡性层次』
『合院建筑：型制化复制』
『装饰体系：理性化表现』

北京建筑传统要素具有鲜明的特质，从城市层面到建筑层面可归纳为：棋盘式的城市结构，过渡性的胡同空间，型制化的合院建筑，理性化的装饰体系。

城市结构：棋盘式布局

北京建筑传统要素的首要特质是棋盘式的城市结构。突出强化的南北轴线、均质网格的平面肌理和主次分明的高度秩序，构成了具有特色的北京城市结构。

1. 突出强化的南北轴线

北京城的规划布局是在天人合一哲学基础和儒家礼制思想的价值体系下形成的，遵循着严格的等级秩序。这种等级秩序的一个表现就是城市轴线。

在北京的营城思想中，南北轴线是"以中为贵"思想最大的物质载体（图 2-1）。北京长约 8km 的南北中轴线上布置了城市中等级最高、性质最重要的建筑，以建筑为节点串联起了一个连续的空间序列，形成了北京最强烈的秩序中心，表达至高无上的权力和地位，塑造了北京独一无二的皇城气势。

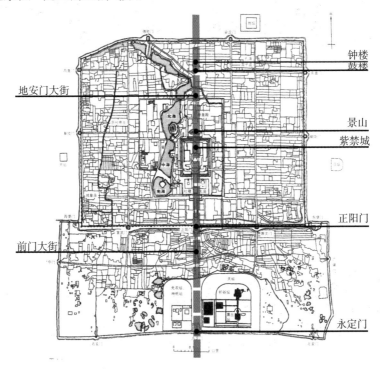

钟楼
鼓楼
地安门大街
景山
紫禁城
正阳门
前门大街
永定门

北京城南北中轴线上的重要建筑

图 2-1　北京的南北中轴线

北京南北中轴线（从景山向北）

中轴线上的紫禁城（从景山向南）

图 2-1　北京的南北中轴线（续）

2. 均质网格的平面肌理

北京均质网格的平面肌理源于元大都的规划思想。元大都作为全新规划的新城，其特点是规划在前、建都在后，等级内涵能够完整、全面地渗透于城市规划层面中。其设计理念延续了中国都城建设的一贯制度，遵循成书于春秋晚期的齐国官书《周礼·考工记》中的营城思想："匠人营国，方九里，旁三门。国中九经九纬，经涂九轨。左祖右社，面朝后市。市朝一夫。"这种布局以"帝王中心"和"中央集权"思想为依据，通过布局映射等级制度文化，突出都城作为政治中心的职能，因此形成了宫城居中、占地面积最大，之外的城市用地作为陪衬的城市格局。

这样，旧北京城除了宫城和个别与皇家相关的其他建筑群外，大多数区域都采用均匀网格的方式划分用地。在元大都旧城遗址内，规划了方正的城市格局，按照统一标准确定基本建筑用地大小：先是依据主干大街和支干大街分出"坊"，再用胡同将"坊"划分为若干个四合院用地。每个坊的东西两侧为南北干道，之间平行排列着的、联系四合院和干道的就是小街和胡同，道路以平直、平行为主。

明清时期用地规划有所调整，但方格网的基本格局没有大的改变。至今，除少数当初就由于地形原因而形成的偏斜走道，以及明时期外城由于缺少规划而形成的一些偏斜胡同，北京旧城大部分区域都保持了这种均质网格的平面肌理。

3. 主次分明的高度秩序

北京城的高度秩序也是依循等级制度而形成的。只有皇家建筑和宗教建筑这些具有较高等级的建筑才有资格拥有较大体量，因此在北京旧城区内，只有位于中轴线上的宫殿群建筑、景山五亭、钟鼓楼、前门，以及其他地区的北海白塔、妙应寺白塔、天坛祈年殿等少数建筑是较高建筑，其他建筑均为低层建筑，以单层为主，总体呈现出主次分明的高度秩序（图 2-2）。

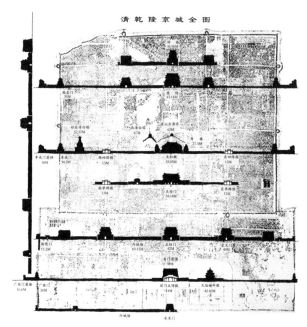

旧城东西向高度秩序示意图

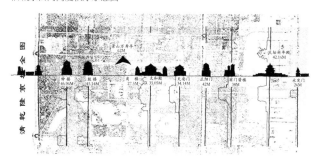

旧城南北向高度秩序示意图

图 2-2 北京旧城区高度秩序图

胡同空间：过渡性层次

胡同两个字原是蒙古语译音，从 1267 年元代建大都沿袭下来，至今已有 700 多年历史。它不仅是道路结构的基本元素，还是承载平民交往集聚的直接场所，是具有北京特色的传统要素之一。

1. 中间空间层级

胡同介于四合院和城市街道之间。相比私密的四合院，出了院门进入胡同，就是公共场所；而从开放的城市大街上一拐进胡同，便会自然生出一种归属感和私密性（图 2-3）。胡同承载了胡同居民的邻里社交生活，它在保护了每个家庭私密空间的基础上，弥补了四合院封闭性所带来的不足，为邻里之间的交往和沟通提供了场所。它属于公共空间，但又具有相对的领域性，只有本胡同的居住者才能将之视为自己的地盘。因而，它介于绝对私密和绝对开放之间，具有半开放的属性。

同时，它还通过与城市主干道相连，建立了同完全开放城市空间的关联性，使城市生活渗入社区生活当中。因此对于城市生活而言，

相对于四合院的公共性

相对于主干道的私密性

图 2-3 胡同作为中间层级的城市空间

胡同具有可渗透性。

　　具有半开放性和可渗透性的胡同，作为中间层次构建了建筑内部同城市空间之间间接的联系，中间层级的空间属性就是胡同这一传统要素的内涵。

2. 线性空间形式

　　胡同除了作为公共空间，还是整个城市道路网格的一部分。北京城的整体城市结构是均质网格的棋盘式，经过规划的元大都城址范围内道路走向一般为正向，因此胡同多呈现出线性的空间形式（图2-4）。

　　在走向上，由于四合院为南北布局，因此胡同东西走向多、南北走向少。在元大都旧城遗址内，也有局部依据地形灵活变化走向的胡同，如现西城区什枋小街一带有十八条南北走向小胡同，胡同走向布局变化的原因便是曾经有一条叫"小河槽"的河在这里流经。在今旧

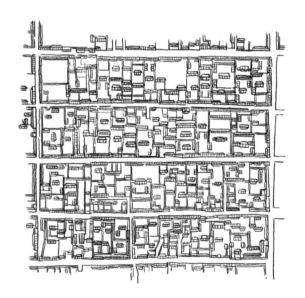

图2-4 《乾隆京城全图》中典型街坊局部

城西南金中都遗址范围内，也有一些胡同依据原城址采用了南北走向。

此外，后期由于城市发展和人口增加，还出现了胡同线性空间略有改变的情况。如由于胡同空间被建筑侵占，导致胡同变窄，或出现"死胡同"、拐弯胡同等空间形态。另外，在前门大街以南、明代外城区域，还有部分胡同，由于是当时平民聚集而自发形成的，没有经过认真规划，且受到地理环境影响，因此多呈现弯曲、偏斜的形态。

3. 近人空间尺度

旧北京城的胡同宽度是以人为基本使用对象进行规划的，虽然当时也考虑了交通工具"车、马、轿"等通行的需求，但它们的尺寸及行进速度同行人没有太大的区别，因此胡同空间尺度以人的活动尺度为基本标准确定。

在元大都规划中，胡同宽度一般规划为9m上下，同约8亩[⊖]的四合院用地相匹配。到了明清时期，基本沿袭元代的道路体系，但四合院用地减小，胡同的数量和密度则相应有所增加，胡同宽度也调整为3~6m。

在旧城原元大都城址区域，胡同两侧多为单层四合院，建筑高度约为3m（建筑地面至屋檐下的高度），因此若为6m宽胡同，高宽比为1∶2；若为3m宽胡同，高宽比为1∶1。在旧城原外城商业区，胡同两侧多为两层建筑，高度约6m。若为6m宽胡同，高宽比为1∶1；若为3m宽胡同，高宽比则为2∶1。这几种高宽比是形成北京胡同聚合感和亲切感的重要尺度特征。

⊖　1亩 =666.67m^2。

合院建筑：型制化复制

合院建筑是具有北京特质的另一传统要素。四合院严整的院落布局，不仅承载了传统礼制的等级内涵，而且通过院落的设置表达了天人合一哲学思想和人与自然相通的理念。此外，四合院还作为建筑最小单元，通过重复性组合满足扩大建筑规模的需求。

1. 内向空间形式

四合院基本单元遵循礼制规范而定，提倡内外有别的内向空间秩序，通过建筑布局营造了一个内部完整的等级世界（图2-5）。

四合院首先采用中轴对称的围合式布局，居中布置等级高的建筑，低等级的居于两侧；其次，根据等级高低安排建筑朝向，高等级的建筑坐北朝南，低等级的建筑朝向东西或北。按照这样的等级规范，四合院中部布置等级高、朝向好、规模大的正房，供大家庭老一辈家长居住；两侧布置等级次之、东西朝向、规模次之的厢房，供大家庭子女居住；倒座则位于入口西侧，不仅朝北而且规模较小，供家庭中等级较低的人居住。

四合院内建筑单体都是围合中心院落布局的，出入口和门窗都朝向院落，外部界面以实体为主，无论朝向好坏都不开窗或只开高窗、小窗。同时，在四合院入口处往往设置缓冲空间，用以阻隔视线和气流，使外部的人不能直接看到内部空间，气流也不能直来直去地进入内部院落。

四合院这种对外封闭、对内开放的内向场所内涵，同天人合一哲学思想中主张天人和谐的观点相呼应，家庭作为构成"人"这一体系的最小单元，其内部的协调统一是"天""人"同构大体系和谐的基础。

此外，这也是儒家伦理价值体系中"内外有别"秩序观念的体现，以建筑为载体反映家庭之于外部社会相对独立、之于内部相对开放的伦理观。

2. 自然场所意义

中心院落赋予了四合院自然的场所内涵。在四合院的布局中，院落处于中心位置，多硬质铺地，配以植物，是居住者进行室外活动的场所（图 2-6）。这一布局方式能够使围绕院落布局的建筑最大化地亲近自然，从而达到人居环境无限接近自然环境的目标，本质上是天人合一哲学思想中"人与自然相和谐"观念的反映。

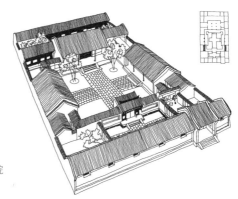

图 2-5　四合院

图 2-6　四合院中心院落

3. 单一通用模式

四合院建筑是组成大规模建筑的通用单元，建筑组群的规模和等级都通过四合院基本单元的大小和重复数量来表现。等级越高的建筑，四合院组成数目越多，基本四合院的规模也往往越大。

北京建筑等级最高的是紫禁城，在主轴线以及两侧，规划了层层叠套、规模大、数目多的四合院，通过四合院规模和数量表达了等级最高的含义（图 2-7）。其他等级较高的建筑，如寺院，也往往通过提高四合院的规模和数量来表现等级内涵（图 2-8）。

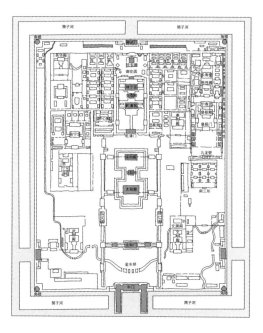

图 2-7　四合院组群：紫禁城

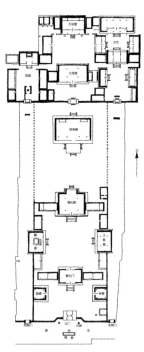

图 2-8　四合院组群：北京智化寺

这种通过单一通用单元组成大规模建筑群的模式，是中国建筑所特有的，同西方建筑强调单一大体量的特点形成了鲜明对比。

装饰体系：理性化表现

由于皇城的特殊地位，北京建筑装饰体系具有独特的特点，在屋顶、斗拱、台基、门、色彩、图案纹样等建筑装饰上均有所体现。

1. 等级理性再现

中国传统建筑是儒家礼制观念的载体，北京建筑由于受到皇家文化的影响，更是完整地表现出了尊卑严明的等级内涵。

传统建筑的屋顶是最具特色的形式载体。屋顶形式严格遵循等级秩序设置，从高到低的等级次序依次对应着重檐、庑殿、歇山、攒尖、悬山及硬山的屋顶形式。宫殿及坛庙等高等级建筑多用庑殿、歇山屋顶，而民居等低等级建筑以悬山和硬山为主。在屋脊装饰上，庑殿、歇山屋顶分别都有正脊、垂脊和戗脊之分，屋脊上走兽的排列顺序和数量也同样具有等级含义，清朝规定，仙人后面的走兽应为单数，按三、五、七、九排列设置，建筑等级越高走兽的数量越多。也因此，为了显示太和殿的最高地位，增加了一个走兽，成了唯一一座仙人后面有十个走兽的建筑。

斗拱作为中国传统木构建筑的重要构件同样具有明确的等级含义。首先，只有宫殿、坛庙及其他高等级建筑才允许在柱上和枋上安装斗拱，庶民所用建筑则不许用斗拱及彩色装饰。其次，高等级建筑一般对应着层数多、尺寸大的斗拱，实际上这同斗拱作为受力构件，需要支撑高等级建筑挑出尺寸深、荷载大的出檐的功能意义相关，但其在后期演变为装饰构件后，成了区分等级秩序的象征物。

房屋台基也依据等级形成秩序。通常，选用汉白玉材质、级数较多的台基代表着建筑等级高。

建筑大门的位置、大小、数量，甚至装饰门的门钉数量和排列方式、门环的材料，都蕴含着等级含义，依据建筑居住者的身份地位确定。

建筑色彩的使用也有同等级相对应的秩序。黄色作为中央正色，是表达皇权重威的专用颜色，因此皇家建筑专用黄色琉璃瓦屋顶，官员府邸建筑使用绿色琉璃瓦屋顶，一般老百姓使用的建筑只能为灰色。至于墙壁，皇家建筑用红墙体现尊严和富贵，普通平民建筑不可越级，只能使用青砖做墙。

装饰图案纹样也同样通过秩序传达着等级信息。最为典型的是彩画，等级由高至低依次为和玺、旋子、苏式三类，其图案、色彩、画法等都有严格的规定，分别适用于不同建筑。

2. 技术情感结合

除了表达严格的等级，北京传统建筑装饰体系还是木构架技术与审美情感的结合体，其选择了具有生命力的木材，表达了人与人之间以及人与客观世界的内在关联，通过物质材料和建造技术表达了丰富的精神世界。

从材料上看，木构架建筑以土木为基本材料，具体的构造技术措施，如木构架的连接榫卯技术、斗拱的制作安装技术、墙体的砌筑抹灰技术、屋顶瓦面屋脊的施工技术、木装修和彩画技术等，都是基于土木材料而确定的。

从结构形式上看，传统木构架的本质为承重维护分离的结构体系（图2-9）：由柱、梁、檩、枋等构件来承受屋面、楼面的荷载；墙为维护结构，不承重，只起围蔽、分割和稳定柱子的作用。这种结构

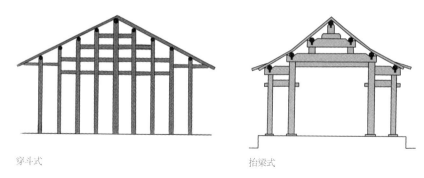

穿斗式　　　　　　　　　　　　　　抬梁式

图 2-9　木构架的两种主要结构体系

体系的好处之一是"墙倒屋不塌"，以木材做承重结构，充分利用了木材料和构造抗震性能好的优点；好处之二是承重和维护体系相分隔，解放了建筑空间，给予建筑平面布置的灵活性。

　　传统装饰体系中的很多部分都是这些技术表现与审美情感的结合。如屋顶本身是结构构件，但结合了屋脊、吻兽、琉璃瓦等，增加了装饰性。其中很多细部处理也是技术与装饰的完美统一，如屋面曲线便是举折技术的反映，但也恰恰产生了装饰意义。斗拱的层叠形式，最初也是结构受力的真实表达，并基于此表现其装饰意义的。还有如雀替等构件，其最本源含义同样是作为受力构件而存在的，但结合了图案纹样，形成了技术同审美的结合。

叁
传
统
要
素
的
再
生

『 再　　生：继承和更新 』
『 空间结构：整 体 延 续 』
『 传统内涵：局 部 渗 入 』

再生：继承和更新

再生，即以发展的视角来看待传统要素。北京建筑传统要素是历史积淀的产物，承载着大量的历史文化信息，文化体系同生态系统具有相类性，都经历着新陈代谢的过程。在这新陈代谢的过程中，被淘汰的是不能满足现代发展的部分，而那些思想、情感和使用上能够同现代发展相契合的部分，将得以继承和更新。

1. 再生的依据

不是所有传统要素都能够再生，可否再生，可以通过以下两点判定。

一是依据其自身发展的内在因素来判定，主要是指传统的哲学思想和价值体系。如果决定传统要素形成及发展的内在因素变化不大，或没有发生根本的变化，那么，传统要素便存在再生的可能。

二是依据影响其发展的外在因素来判定，主要是指当代社会需求。即在时代发展的情境下，经济和社会生活等对城市及建筑的要求发生了很多功能性的变化，若传统要素能够通过某些改变，在保持其传统核心的同时，又满足时代发展的新需求，这种传统要素便有再生的可能。

（1）体现当代哲学思想　传统要素形成的哲学基础是"天人合一"哲学思想。"天人合一"哲学思想本身并不是一个"死"的、僵化的思想，它具有动态发展性，传统要素也应该依循其发展而做出相应的变化，才符合再生的发展规律。

古代"天人合一"哲学思想发源于先秦时期，成熟于两千余年前的汉代，主张天、地、人三者构成一个大体系，其各自也是一个小体系。各体系都具有内向性格，内部的个体因素属于群体的一部分，相互之间则保持整体统一性。"天人合一"通常有以下两重含义：一是天人一致，即宇宙和自然是大天地，人是小天地，两者运行规律、道德原则等是一致的；二是天人相应，即人和自然在本质上是相通的，一切人事均应顺乎自然规律，达到人与自然相和谐。

"天人合一"哲学思想关于天、地、人构成一个完整大体系，并且体系内部整体协调的观念在当代仍然影响深远，但随着时代发展与文化扩散，不可避免地受到了西方哲学观的影响。主流西方哲学一般将"存在"区分为截然对立的本体与现象两个部分，重视主客二分、重认识。西方哲学的本体存在论强调本体和现象概念的分离，促使了理性主义精神的发生，激发了概念、判断、推理逻辑形式的成熟，因此形成了西方哲学重视科学研究的理性精神和讲究逻辑、系统和分析的主客二分思维方式。相比较之下，中国"天人合一"的哲学观将"存在"理解为境界性、虚无缥缈的状态，主客浑然一体、重直悟，在处理现代社会问题时往往缺乏实证主义精神。因此，"天人合一"思想在重新解读和发展中，吸取了西方哲学观的理性精神和思维方式，同传统哲学思想相比较，主要的变化是重心向理性和科学性转变。

当代对传统"天人合一"哲学思想中"天人一致"的解释和应用，摒弃了过于强调玄虚和感性的方式，因此，刻意对应五行、星相等象征天的因素，进行城市及建筑选址、布局、命名，追求天人同构手法，也就相应消亡。

传统"天人合一"哲学思想中"天人相通"的含义，核心是主张人与环境协调和谐，这同当代社会可持续发展的思想是一致的。因而，古代针对城市、建筑群、建筑选址、布局的风水理论，以及通过建筑空间建立人与自然关系的手段，在今天仍然具有适用性。

（2）依循当代价值体系 传统要素的再生，还必须依循当代价值体系。当代价值体系是以传统价值体系为主的多元组合。

传统价值体系主要以儒道伦理思想为主体，其中对建筑影响较深的是儒教价值体系。儒家伦理道德学说以"仁"为内在准则，以"礼"为外在规定，提出了一系列道德规范，希望通过内在自觉的修养提高、行为约束，达到外在的人际关系协调、社会秩序和政治秩序规范的"救世"目的。

由于儒家思想的入世态度，其伦理观对现世存在的建筑影响范围很广，涵盖城市和建筑的选址、布局和建设。影响力也极为深刻，城市及建筑通过型制化、中轴对称等方式，力图讲求儒学的内在准则"仁"，强调社会统一协定、民心和谐安宁；遵从儒学的外在规定"礼"，强调区别君臣尊卑的等级秩序、渲染天子的君权。

儒教作为中国传统文化的主体长达数千年，但自 19 世纪末开始，由于受到外来文化影响而发生变化。有学者把孔子以来的儒家、儒学、儒教分为了"道""政""俗"三个层次⊖。

其中作为"道"的儒教，主要指超越性的精神价值信仰系统，是满足人精神需求的重要承载体；作为"政"的儒教，其真正内涵已经不完全是孔孟儒家的精神，而是经由汉代之后的统治者综合诠释、为了满足其政治统治需求而意识形态化了的观念系统；作为"俗"的儒教，则是指儒教价值理念应用于百姓日用中，直接指导其日常生活行为方式、思维方式以及心理结构的价值理念和精神信仰系统。

较早受到外来文化影响的是"政"层面上的儒教价值体系。近代以来，在崇尚"民主、科学"的早期西方文化影响下，"政"层面的儒教价值系统就开始被强烈反对，当时主要针对封建专制的典章制度、三纲五常、等级与教化、忠孝节义等宗法社会的弊端。发展至今，因为它同现代民主政治思想、以公正为社会制约机制的西方价值观体系存在极大冲突，所以对传统"政"层面上儒教思想批判和摒弃的态度逐步强化。"在儒教传统中，不存在任何市民、法律规则、市民社会的概念，以及市民社会的各阶层自主进入政治中心的权力的概念⊜"。而在文化扩散中，"民主、自由、人权、法治、公正"的价值核心被广泛传播，促进了国家权力社会化、政治行为规范透明化、政治制度

⊖　张立文 . 20 世纪中国儒教的展开 [J]. 宝鸡文理学院学报（社会科学版），2001（4）：2.

⊜　S.N. Eisenstadt. Reflections on Modernity[M]. Leiden；Boston：Brill，2006：284.

民主化的发生，这样一来，传统儒教中被封建帝王诠释的一套"礼法"思想和制度，便不能再适应当代社会的发展了。

"道"层面上的儒教价值体系也受到了外来文化的影响。西方价值观以个人主义为思想基础、以重利轻义为价值取向、以自我奋斗为实现途径、以个人自由为价值目标、以公正为社会制约机制[⊖]。这种以自然理性为基础，以个体为本，追求位、利、真、善、美，强调个人主义、自由主义、人本主义等思想，强调重利轻义的价值取向，显然同中国传统价值观有很大不同。客观地说，这些价值观在一定程度上被接受，但同时，由于儒教价值体系存在的深厚基础，其对道德价值观的追求和信仰仍然根基坚实，对道德的遵守与认同仍然得到广泛认同。作为主体，儒教价值体系在"道"层面上"仁为核心"和"人为贵"的思想体系仍然是中华民族的价值信仰系统核心，个体的人生价值集中地表现为道德修养的内在完善。

在"俗"层面上表现的"仁、义、礼、智、信、恕、忠、孝、悌"价值观也仍然深刻影响着民众的生活行为和思想，只不过随着社会发展和西方价值观的影响，"礼"的一些传统规则，如"父子有亲，君臣有义，夫妇有别，长幼有序，朋友有信"的外在表现不再如封建社会那样绝对和严明，但思想根源仍有很强的生命力。

同儒家相反，道家学说认为"道"是世界万物的本源，是宇宙间乃至社会、人生的唯一规律，其表现形态是自然运行，因此其价值取向是回归自然、任性逍遥，追求实现精神的超越与自由。正是这种"出世"态度，道家思想对建筑影响相对较小。其主要的影响较多地表现

⊖ 窦丽萍.西方价值观及其对中国的影响[J].传承，2008（9）：116.

在园林上，建筑师法自然、崇尚自然的神韵，是道家追求逍遥自由、无为顺应的表现。这种思想在当代没有大的变化，对一些建筑类型仍然具有影响力。

（3）**应对当代社会需求** 传统要素的再生，还应以能否应对当代社会需求为依据。二者往往在土地、交通、功能、生态几个问题上存在矛盾。

在土地问题上，当代北京单中心发展，人口大量增长，在城市中心区有限的土地内，只有高容积率、高密度建设才能应对这种需求。而传统合院建筑多为单层低密度，土地利用效率低，保持传统形态的四合院在城市中心区成了奢侈品。因此，在现实制约下，合院建筑无法再通过表层形态得以再生了，深层的内向及自然场所意义成了再生的核心。

交通需求也是传统要素发展无法回避的问题。由于交通工具的发展，当代城市道路结构和尺度都相应有了变化。《民用建筑设计通则》（GB 50352—2005）5.2.2.1 条规定："单车道路宽度不应小于4m，双车道路不应小于7m[⊖]"。这还没有包括人行道约 1.5m 的宽度。显而易见，同传统胡同 3~6m 的宽度相比较，这一早期以人为主要使用对象确定的尺寸仅仅应对汽车行驶的要求就已经十分勉强，若再加上不可避免的停车需求，剩下的空间就更加局促（图 2-10）。因此同样地，胡同这一传统要素也无法通过道路的表层形态得以再生了，过渡性的、中间层级的空间属性成了再生的核心。

⊖ 中华人民共和国建设部. 民用建筑设计通则：GB 50352—2005[S]. 北京：中国建筑工业出版社，2005.

图 2-10　胡同空间需求变化

　　在功能使用问题上，传统要素也面临着很多困难。当代建筑规模大、功能多、流线复杂，以传统的合院式、分散式布局方式应对这些问题，具有很大的困难。

　　在生态问题上，当代强调可持续发展的理念，资源的不可再生性，是土、木两种传统材料无法再作为主要建筑材料的原因之一。而不再使用木构，令依托木构体系而生的装饰体系失去了存在的根基。因此，情感意义取代了失去了技术合理性的形态，成为装饰体系的再生核心。

2. 再生的意义

　　从时间角度上看，传统是相对的概念，今天的一切会转变成明天的"传统"，而这一"传统"的具体表现已经同过去所定义的传统表现产生了差异，但这种变化不是质的变化，而是继承过去传统基因而传承递进的结果。传统要素的再生，便是通过继承传统基因的本源，保持同过去的关联和亲缘性，再通过更新变革，适应时代进步，防止传统的僵化。因此，建筑传统要素的再生，如新陈代谢一样，是必然且积极的。

　　具体而言，北京棋盘式城市结构这一传统要素的再生，若能保持其轴线的礼仪意义和城市网格系统的空间意义，同时还能够在发展中解决同社会需求之间的矛盾，那么就具有再生意义。

　　对于过渡性胡同空间这一传统要素，根据再生依据判断，它的使用功能无法满足当代汽车需求，因而失去了城市道路形态载体的物质意义，但从符合哲学思想与价值体系的依据上看，当代"天人合一"思想强调人与环境、社会的和谐关系；当代价值体系中"俗"层面的儒教强调社会统一与民心和谐，而胡同这种具有交往意义的中间层级空间恰恰能够为创造人与人之间的和谐关系提供场所，因此胡同中间层级的空间属性是顺应当代价值取向的。从另一角度来看，在居住单元日益私密化的当代社会，人们的交往需求往往需要更多的城市空间来解决。因此，在新建筑中引入胡同"中间层级城市空间"的内涵，创造更多的交往场所，是有意义的。

　　同理，对于型制化的合院建筑，若能够脱离原型形态禁锢，更多地发掘并利用合院建筑的自然场所性和内向性，着重于精神层次的内涵表达，那么，传统的传承会更加深入和持久。

　　对于理性化的传统装饰体系，由于其所依附的儒家礼制政治含义消失、木构架技术被现代技术体系所替代，其形态也随即失去了存在的理性基础。但从审美情感角度上看，传统装饰所唤起的对传统文化的审美体验仍然是当代社会的需要。这说明，这一传统要素在"情感"层面上还具有再生的意义。也可以说，传统装饰形态的存在是一种夹缝中的存在：一方面，这一形态不再具有等级含义和技术含义，因此得以延续的形态不能完全模仿原型；另一方面，这一形态还要同过去的原型存在一定的相关性，以唤起文化记忆。

空间结构：整体延续

北京传统要素的再生，应首先着眼于整体，即从整体上延续北京空间结构的两个特质：城市轴线和城市肌理。

其中，城市轴线既传达了北京作为皇城的历史基调，又表现了当代北京作为首都的恢弘气质，是整体延续的第一个着眼点。城市肌理包括平面肌理和高度秩序，是构成北京城市结构的基本单元，是整体延续的第二个着眼点。二者相比较，延续城市肌理所面临的困难要远远大于城市轴线，因为城市轴线为线性形态，对城市发展的影响范围小，而平面肌理和高度秩序的延续同城市发展之间存在着更多交集，具有更多的矛盾。因此对于城市轴线，可以"强化"为手段，而对于城市肌理，则以更慎重的"整合"作为手段，保持传统要素历史价值的同时化解矛盾。

1. 强化城市轴线

（1）南北中轴线　在北京的两条主要城市轴线中，南北向中轴线是北京的传统轴线。从元大都规划之始，便通过整体布局的烘托和起承转合的建筑空间组织，强化了这条轴线的重要性。虽然这条轴线所表达的等级含义在当代已经消解，但作为北京传统的物化载体，仍具有很高的历史价值。这条轴线还传达着当代首都文化的礼仪性特征，体现首都北京雍容大气、端庄威仪的性格。因此在当代，应以尊重的态度、审慎的方式对这条轴线加以表现，借此强化北京城市特色。

从整体城市建设层面上看，南北中轴线两侧新建建筑并不十分多，位于其北端、四环和五环之间的奥林匹克公园是近年最大规模的新建建筑群（图2-11）。

作为2008年北京奥林匹克运动会主会场，奥林匹克公园总占地

图 2-11　北京奥林匹克公园（Google 地图）

面积为 1135hm^2，分三个区域，北端是 680hm^2 的森林公园、中心区是 291hm^2 的主要场馆和配套设施建设区、南端是 114hm^2 的已建成场馆区和预留地，此外，中华民族园也被纳入奥林匹克公园范围内。

　　北京奥运规划设计方案评审委员会主席、新加坡规划设计师刘太格先生针对方案的规划设计谈及了两个要点，一是方案路网结构，除了要考虑其功能的效果之外，必须考虑它与北京城市纹理的协调关系；二是中轴线，要将方案当作是中轴线上老城区的一个延伸，强调将中轴线作为新区同老城区之间重要的联系纽带。

　　参与奥林匹克公园规划设计投标的方案共 54 个，获得竞赛一等奖的是美国萨萨基公司（Sasaki Associates，Inc）与天津华汇工程建筑设计有限公司的合作方案（图 2-12）。这一方案的特点是将城市中轴线向北延伸，规划了一条 2.3km 长的"千年步道"，奥运中心区内的比赛场馆分布在两侧；向北延伸的轴线仍作为由丘陵、森林、湖泊和河流构成的森林公园的轴线，在中轴线的末端没有设计突出的标志性建筑。

鸟瞰

总平面图
（城市范围）

总平面图（局部范围）

图 2-12　北京奥林匹克公园规划方案：美国萨萨基公司（Sasaki Associates，Inc）与天津华汇工程建筑设计有限公司

（图片来源：北京奥林匹克公园规划设计方案一等奖：美国 Sasaki Associates，Inc（美国）/天津华汇工程建筑设计有限公司（中国）[J]. 建筑创作，2004（3）：78，82）

　　从参加竞赛的其他方案看，尽管手法不同，但几乎所有方案都强调了对中轴线的尊重与强化。

　　日本国株式会社佐藤综合计画与日本 Ingerosec Corporation 的合作方案，在中轴线上设计了以"水轴"为主的步行者专用生态漫步道（图 2-13）。

鸟瞰（从西南向东北）

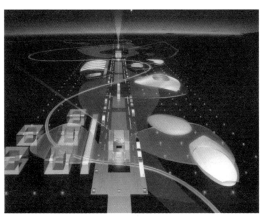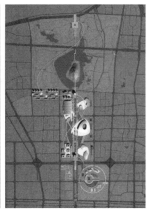

鸟瞰（从南向北）　　　　　　　　　　　　　　　　总平面图

图 2-13　北京奥林匹克公园规划方案：日本国株式会社佐藤综合计画与日本 Ingerosec Corporation

（图片来源：北京奥林匹克公园规划设计方案二等奖：日本国株式会社佐藤综合计画（日本）/ Ingerosec Corporation（日本）[J]. 建筑创作，2004（3）：91，92，93，95）

北京市建筑设计研究院、美国 EDSA 规划设计公司、中国交通部规划研究院的合作方案，以山水作为中轴线终点，在森林公园入口安排了"2008-北京"主体广场，作为规划中由南至北、展现从过去到未来的"时间走廊"上的一个节点（图 2-14）。

法国 AREP 公司方案在中轴线尽端湖泊中设计了一个岛屿，上面建设城市规划展览馆，以纪念北京辉煌的建筑成就（图 2-15）。

哈尔滨工业大学天作建筑研究所与总装备部工程设计研究总院的合作方案，将轴线上的圣火广场和其上高耸的火炬作为轴线的高潮，以奥运公园作为轴线序列的尾声，形成了由南至北完整的景观序列（图 2-16）。

德国 HWP 公司方案严格按照中轴对称方式分布场馆设施，表现出德国建筑师特有的严谨和对中轴线秩序的理解（图 2-17）。

鸟瞰   总平面图

图 2-14　北京奥林匹克公园规划方案：北京市建筑设计研究院、美国 EDSA 规划设计公司、中国交通部规划研究院

（图片来源：北京奥林匹克公园规划设计方案优秀奖：北京市建筑设计研究院（中国）/EDSA 规划设计公司（美国）/交通部规划研究院（中国）[J]. 建筑创作，2004（3）：110，113）

鸟瞰　　　　　　　　　总平面图

图 2-15　北京奥林匹克公园
规划方案：法国 AREP 公司

（图片来源：北京奥林匹克公园
规划设计方案优秀奖：AREP 公
司（法国）[J]. 建筑创作，2004
（3）：100，101，103）

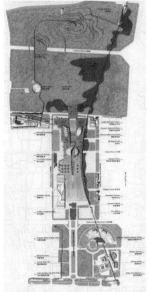

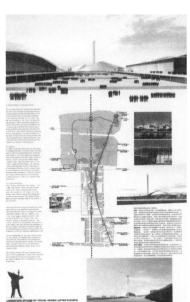

总平面图　　　　　　　分析图

图 2-16　北京奥林匹克公园规划方案：哈尔滨工业大学天作建筑研究所与总装备部工程
设计研究总院

（图片来源：北京奥林匹克公园规划设计方案优秀奖：总装备部工程设计研究总院（中国）/ 哈尔滨
工业大学天作建筑研究所（中国）[J]. 建筑创作，2004（3）：105）

从这些获奖方案中都不难看出,城市中轴线是北京建筑传统要素的重要部分,总体上对其尊重的共识已经达成(图2-18)。而具体的处理手法——是通过建筑实序列、还是空间虚序列强化轴线,有不同的争论。

清华大学教授、加拿大籍建筑师彭培根认为:"北京传统中轴线是一条建有天安门、故宫、鼓楼等大型建筑的实轴,采取不摆放建筑物的虚轴方式不符合中国都市营造的风格。如果不在这条轴线上建设体育场等标志性建筑,我们就无法体会这条轴线的延续,就像一条铁路没有车站一样。登上钟鼓楼朝北望去,我们甚至看不到中轴线在哪里。"而刘太格先生却认为,在现阶段,有历史眼光的做法是不把中轴线挡住,而是继续让它自然地延伸,为将来留有余地。

分析图　　　　鸟瞰

图2-18　轴线分析图

图2-17　北京奥林匹克公园规划方案:德国HWP公司

(图片来源:北京奥林匹克公园规划设计方案优秀奖:HWP公司(德国)[J].建筑创作,2004(3):106,108)

(图片来源:北京奥林匹克公园规划设计方案优秀奖:AREP公司(法国)[J].建筑创作,2004(3):100)

最终实施方案选择了以"虚"代"实"作为强化轴线的手段，并不代表这是强化城市轴线的唯一答案。事实上传统要素的再生，关键是对核心特质的坚持，至于具体手法和表现手段，则具有无穷多元的可能性。

同时，当代与这条轴线相关的规划与建筑设计，都不需再将等级含义作为必须考虑的设计要素。如作为北京中轴线延续的奥林匹克中心区景观大道，西侧设置平面规整的树阵，东侧设置岸线流畅的"龙形"水系，使整个中心区形成中轴、绿轴、水轴相互呼应的宏大开放空间。绿色植物和水系的景观设置柔化了中轴线的等级严肃性，体现了民主亲和性。

（2）东西中轴线 除了传统的南北城市轴线，北京还有一条东西向中轴线——长安街及其延长线，是新中国成立以后为强调首都政治和文化性而强化的一条轴线（图 2-19）。

明清时期的长安街，东起东单、西至西单，全长 3.7km，中间由于有 T 形广场的阻隔，东西长安街并不能贯通。1912 年，拆除了长安左门和右门边的红墙，天安门广场对外开放，东西长安街得以贯通。1952—1959 年间，拆除长安左门、长安右门、东长安牌楼、西长安牌楼，并将东起建国门、西至复兴门的长安街拓宽为 35~80m 的大道。

从 1949 年新中国成立以后，长安街被定位为"神州第一街"，成了首都形象和国家形象的代表，在我国政治生活和人民心目中具有特殊的意义和神圣的地位。

长安街两侧大都为规模较大的公共建筑，包括党政机关、剧场、金融机构、酒店等，多具有体量大、建筑主要礼仪性立面朝向长安街的特点（图 2-20）。这条轴线在新中国成立以来，已经成为北京首都文化的一个重要表现。现在以及未来，其礼仪性特质都应该被尊重和

图 2-19　长安街

东长安街

西长安街

图 2-20　长安街两侧的建筑

延续。

2. 整合城市肌理

从新中国成立后开始，北京的城市肌理就开始发生变化。新中国成立之初，由于无法满足中央政府各大单位办公和生活的用地需求，也无法满足建设工业城市所需的生产和生活用地需求，北京旧城内的很多建筑被拆除、街区被合并，平面肌理被改变。改革开放以后，由于经济迅速发展，大型公共建筑的需求急速增加，多层和高层建筑不断建成，旧城原有的以单层建筑为基调、主次分明的高度秩序被打破。

这些改变，实际上是旧城结构同新的使用需求发生矛盾、旧城结构妥协于使用需求的结果。新的使用需求是客观发展的规律，无法抑制，因此，若想令城市肌理再生，只有妥善疏解二者之间的矛盾，整合城市肌理。

疏解矛盾、整合肌理，可以从宏观规划手段和微观建筑措施两个层面着手。

（1）**宏观规划手段** 首先在宏观规划层面上，需要调整旧城的用地性质、控制人口总量、合理产业布局、规划交通设施，控制旧城区新建建筑的规模、建筑容积率、建筑密度及建筑高度等指标，通过遏制和平衡需求，来达到减少矛盾的目的。

2008 年 12 月公布的《北京中心城控制性详细规划》，对总体规模、旧城保护、公共服务设施、道路及交通设施、市政基础设施、整体形态及建设强度、绿色空间及防灾减灾、地下空间利用、居住用地控制、更新改造机遇区的划定，都进行了规划。如其中二十九条第五款规定，保持旧城路网的棋盘式格局和街巷胡同肌理、空间尺度，调整旧城历史文化保护区内的道路功能、性质和横断面布置，在严格保护旧城内胡同尺度的前提下，实施建设与改造；第十六条对旧城建筑高度（图2-21）规定：皇城保护区脊高不超过 9m，保护区不超过 12m，高层限制区不超过 45m。这些规划对于保护旧城平面及空间肌理是至关重要的第一步。

图 2-21　旧城建筑高度控制规划图

此外,还通过专项保护规划进行控制,包括2003年4月发布的《北京皇城保护规划》(图2-22),对皇城保护范围、土地使用功能和规划、水系、道路和胡同体系、绿化、市政设施、保护单位和文物建筑、其他现存建筑等,均提出了要求。对建筑高度也加以限制,如改造更新现状为1~2层的传统平房四合院建筑,禁止超过原有建筑的高度;改造更新现状为3层以上的建筑,新建筑高度必须低于9m;同时规定,必须停止审批3层及3层以上的楼房和与传统风貌不协调的建筑。

除了皇城规划,还有2007年5月发布的《北京市"十一五"时期历史文化名城保护规划》,其中重要的一项内容就是旧城整体保护规划,包括旧城传统空间形态、人口疏解、用地功能调整、交通设施、

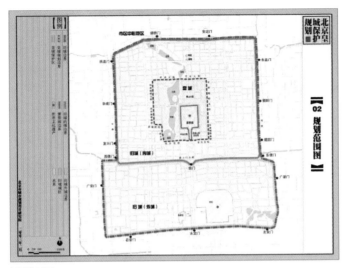

规划范围图

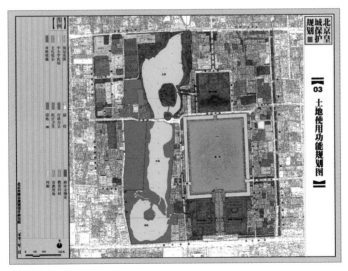

土地使用功能规划图

图 2-22　北京皇城保护规划图

（图片来源：北京皇城保护规划. 2009 年 8 月 6 日. 转引自北京市规划委员会网站 http://www.
bjgtw.gov.cn/web/static/articles/catalog_30000/article_ff80808122dedb360122ee7d2efb003b/ff8
0808122dedb360122ee7d2efb003b.html）

市政设施、房屋修缮、地下空间利用七大项内容，提出了若干策略和具体的指标。

（2）**微观建筑措施**　在建筑层面上，可以通过建筑布局和尺度控制整合城市肌理。

分析北京旧城平面肌理可以看出，其形成同建筑围合式院落布局及尺度控制有直接关系，二者形成了具有特定虚实关系的平面肌理。新建筑若采用类似的围合式布局形态以及适宜的尺度，实体建筑和虚体空间的比例关系则可以保持同北京旧城的一致，从而延续北京旧城平面肌理。

1990年建成的菊儿小区是较早期的一次尝试。建筑师吴良镛院士通过围合式院落的布局，贯彻了有机更新的理论。三层高的建筑在保护原有树木的基础上围合成四合院形式，虽然建筑面积和功能组成、结构及形式等方面都不同于传统四合院，但保持了亲近人、亲近自然的尺度和比例，形成了同旧城肌理一致的虚实空间关系，维系了城市肌理的整体性。不过，菊儿小区在1994年二期完工后，便由于容积率低、经济效益不好，没有持续建设下去。因此从现实角度看，虽然这种方式是整合城市肌理的有效方式，但如果考虑综合成本，没有强大的经济支持就是很难实现的。近30年过去，这个围合式的住宅已经呈现出破旧的状态，由于没有统一的物业管理，安装防盗窗、加建、改建的现象都很普遍。但从南锣鼓巷拐进菊儿胡同，这组建筑出现在眼前时，没有突兀的不和谐感。再走进院落，虽因摆放着自行车、植物等而看起来略显凌乱，但却因为空间尺度和比例的近人，比那些整整齐齐的新小区又生出许多亲近感和烟火气（图2-23）。

从胡同看住宅楼

院落

连接院落的走道

图 2-23 北京菊儿小区

传统内涵：局部渗入

从词义上看，局部从属于整体，渗入经常用来比喻一种势力以一种不明显、缓慢但有效的方式逐渐进入到另一种势力。因此，局部渗入策略表达了两层含义：第一，传统要素无论以怎样的方式融入，都是整体的一部分；第二，希望通过积极的态度和方式，将传统要素演变为能够与当代建筑发展同步的有效和积极要素。

如前分析，北京传统要素的很多表象形态已经很难同当代社会物质需求和审美趋向相契合了，其再生意义存在于精神价值之中。因此，局部渗入策略关注的是传统要素的内涵而非表象。北京胡同的中间层级空间内涵、合院的内向自然场所内涵、装饰体系的审美意境内涵是最值得关注的三个切入点。

1. 引入中间层级空间

中间层级的空间内涵是胡同这一传统要素的精神意义所在，这种内涵过去所依附的道路形态已经在当代社会发生了消解，不再是其特定载体。但若将具有胡同特质的中间层级空间通过其他形式载体引入新的建筑之中，不失为当代社会保持传统要素生命力的有效手段。

德胜尚城是应用这种方法的实例（图 2-24）。德胜尚城位于德胜门西北角，是一组商务办公楼，由七组建筑组成，总建筑面积为 7.2万 m²，高度为 18.35m，于 2005 年建成。设计者崔愷院士认为，城市缺乏特色是中国，甚至亚洲普遍存在的问题，建筑师工作很重要的一个问题就是通过建筑手段，使城市多保持一些特色。在此大的理念引导下，他分析了北京城市结构，认为北京是一个规划结构非常清晰的城市，它一般的建筑比较内向，也就是说要通过街道、胡同、四合

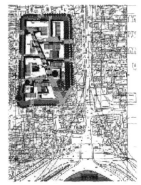

总平面图　　　　　　　　　　鸟瞰图

斜街北端　　　　　　　斜街南端　　　　　　　　　屋顶

图 2-24　北京德胜尚城

（图片来源：总平面图，屋顶：中国建筑设计研究院．北京德胜尚城 [J]．建筑学报，2006（8）：53，54.

鸟瞰图：http://news.beijingoffice.com.cn/upload/2006421103148.jpg.）

院才能进入到建筑里。所以，此办公楼并没有采用常见的集中布局，建筑出入口也没有直接面向城市街道，而是设计了一个比较严整的外界面，由几条通道，将人流先引入内部街区、再进入建筑。在平面布局中，一条西北至东南走向的斜街及联系它和外部道路的几条支路，串联起几组围合布局的建筑。作为联系城市干道和建筑内部空间的中间层次，这些内部街道采用了与胡同类似的尺度和形态，建立了同旧城区类似的结构关系，将建筑植入城市，使城市历史文脉得以传承。可以看出，这里非常重要的一个手段就是增加了从城市街道到建筑内

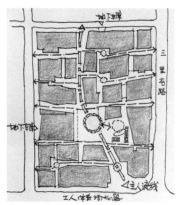

总平面分析图

南北向主通道

广场

东西向街道

图 2-25　北京三里屯太古里南区

部的一个中间层级空间，并且这个中间层级的空间同胡同原型具有形态关联性。

　　类似的实例还有三里屯太古里南区（图 2-25）。三里屯太古里南区是一个商业综合体，位于北京朝阳区使馆区附近著名的三里屯酒吧街西侧。太古里原名三里屯 Village，分为南北区两部分，北区主要是公寓、瑜舍酒店和国际名牌旗舰店；南区为商场、餐饮娱乐酒吧、文化广场等，建筑 4 层高，允许容积率为 1.5，限高 15m。

太古里南区的设计在空间布局上和德胜尚城有异曲同工之处。这组建筑群的地面以上为几组不规则的条形建筑，地下部分相连。建筑群纵向有一条错位的南北向通道，横向有 5 条东西向通道，形态随建筑形体不同略有变化，在南北主通道南侧同东西横向通道交错的位置设置了一个小型广场。同大型封闭的商业建筑相比，这些街道将人的活动自然地引入其中，增加了整个建筑的活力。穿梭于这些街道之中，尽管不同高度和风格的建筑界面形成了不同的视觉感受，但由于这些纵横交错的"通道"和"巷子"的尺度和形态同传统胡同相似，因此给人带来了身处胡同的空间体验。

这种空间体验也应和了设计者开放城市的理念："整个区域应成为真正的'开放空间'，是公众可自由穿行的'街区'，以便利人行交通；另一方面，人们通过逗留时可欣赏到区内的环境景观和各种活动，使行程成为一种美好的体验和感受。从城市设计角度来看，'可渗透性'的街区也创造了视觉上的连接和延续，有助于人们对城市的识别和体验 [⊖]"。设计者所提到的"开放"与"可渗透性"，正是传统胡同作为中间层级空间系统的属性。

2. 营造内向自然场所

内向自然的场所内涵是合院这一传统要素的精神意义所在。四合院原型形态在当代社会很难实现，但内向和自然的场所意义可以通过

⊖　罗健中 . 北京三里屯之演化——三里屯 Village 实例分析 [J]. 建筑学报，2009，（7）：88.

其他形式的载体植入到新建筑中。围合室内空间、转换室外空间这两类手法比较常见。

（1）围合室内空间　建筑师贝聿铭设计的中国银行总部，是北京较早通过室内空间营造内向自然场所的实例（图 2-26）。

中国银行总部于 1999 年建成，位于长安街和西单交汇路口。建筑地上总面积为 17.4 万 m^2，地上 15 层，地下 4 层。建筑为方形平面，

从长安街上看建筑

转角细部

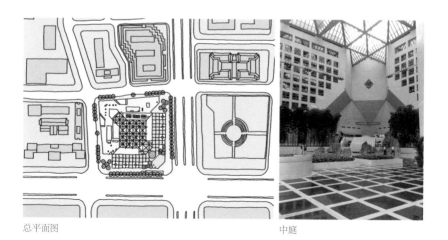

总平面图

中庭

图 2-26　北京中国银行总部

中部设计了面积约 4200 m²、高度约 50m、自然采光的庭院。作为整体空间序列的中心，中庭开放于内部、独立于外部，配置了水池、小径、具有古典意向的园门洞等景观元素，种有翠竹等植物，顶部天窗提供自然光线，构成了内向、自然的空间意境。

（2）**转换室外空间** 在当代建筑中，由于室内空间的尺度较难把握、营造自然性的成本较大，因此，转换室外空间的手法更加常用和易于实现。转换的要素通常是院落的围合方式、布局位置、形状及尺度。

北京外国语学院逸夫楼属于此类实例（图 2-27）。它位于北京外国语大学东校区，建筑面积为 11626 m²，于 2001 年建成。作为一个用地颇为紧张、造价不高，既希望保证足够面积和尽量多的空间、又希望有一定特色的项目，对于建筑师而言颇具挑战性。建筑师崔恺院士用两个南向的三合院应对了这个问题，并使建筑在满足使用要求之外获得了含蓄的传统意味。他这样阐释设计思路："不想做个很一般的板楼，虽然许多教学楼都是这样呆板的。我个人希望房子进深大一些，尽可能地用足土地，但这样的结果是采光通风不好，于是又有了自然产生的趣味空间——把院子放在南向比较阳光明媚的地方，留出两个院子之后，不仅解决了大教室的采光问题，又将室外绿化融进了教学空间中。尽管建筑师没有特别强调方案中院子来源于传统，并且院落的围合方式为三面围合、空间尺度为 6 层高、室内外空间连接是通过楼梯间完成的，而这些同传统四合院都不具备直接可比性，但是从空间属性的自然性、内向性上看，无疑二者有一脉相承的意境。建筑师通过对传统四合院院落的形态转换和尺度变换，很好地将传统要素引入了现代建筑语境当中，并解决了进深过大的功能问题。

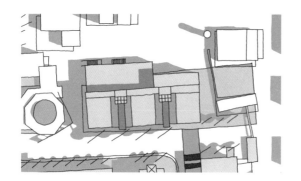

总平面图

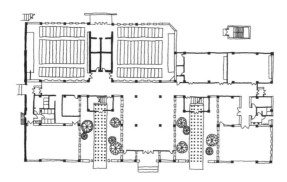

一层平面图

外观

院落

图 2-27　北京外国语学院逸夫楼

又如中国科学院图书馆（图2-28），于2001年建成。平面呈U形布局，建筑三面围合，形成了中心院落。在朝向西侧广场一侧，以柱廊的形式分隔院落和城市空间，增加了院落的围合感。这一院落是整个建筑空间组织的核心，阅览室、交流中心、档案馆等主要功能空间都围绕它而布置。同时，它还是入口空间序列上重要的空间节点。读者从西侧广场而来，经由大台阶步入这个二层平台上的院落，再进入建筑内部空间。虽然同原型相比，院落的位置、尺度等发生了转变，但这种内向性的空间特点，同传统四合院是一致的。

位于北京通州区宋庄艺术区的树美术馆（图2-29），建成于2012年，面积为3200m²，设计有六个庭院。两个较大的庭院位于首层，展览空间环绕庭院而设；另外四个庭院位于屋顶，其中两个为后部空间和下面的展览大厅提供天光，另外两个在开放屋顶上被围合界定，成为特定的私密空间。通过这些院落组合，隔绝了外部环境的嘈杂，引入了自然光、树木、水，营造出同自然、同艺术对话的静谧场所。

此外，还有三里屯瑜舍酒店北侧地下庭院（图2-30）和皇家驿站酒店屋顶庭院（图2-31）。前者将庭院引入地下空间，作为建筑地下层餐厅空间的延续；后者利用了屋顶空间，局部加建形成了庭院。

图2-28　中国科学院图书馆

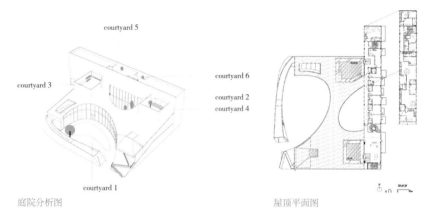

庭院分析图

屋顶平面图

图 2-29 树美术馆

（图片来源：树美术馆（Tree Art Museum）
by 大章建筑事务所 Daipu Architects
http://www.ideamsg.com/2013/04/tree-art-
museum/）

庭院

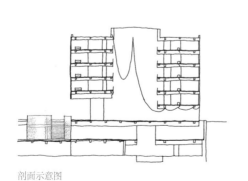

剖面示意图

图 2-30 北京瑜舍酒店地下庭院

地下庭院

屋顶层平面示意图

屋顶庭院

图 2-31 北京皇家驿站屋顶庭院

3. 暗喻传统审美意境

传统要素中，装饰体系因为具有历史价值和审美价值，也具有再生的可能和意义。借用传统材料、色彩、图案暗喻传统审美意境，是常用的手段。

（1）**材料** 在材料的使用上，传统建筑常用的、源于自然的木、竹、砖等，由于能够唤起北京建筑传统意境而被广泛使用。

如长城脚下的公社中由日本建筑师隈研吾（Kengo Kuma）设计的竹屋（图 2-32），室外和室内大量使用了竹子作为装饰材料。在建筑师眼里，使用竹子这种"低精度"的材料是出于对长城地区自然环境的考虑。"低精度"意味着粗犷、非人造，通过控制建筑同自然"精度"的一致性，保持二者的和谐统一。透过有巨大落地玻璃和纤纤细竹组成的外立面，阳光经过竹与玻璃的几次反射从不同的角度入射，屋内光影动人，屋外树影婆娑，伴随着日出日落、春夏秋冬、雨雪风沙，建筑意境同自然意境融为一体。

类似的还有北京瑜舍酒店，其内部大量使用浅色木材，客房的地板、家具，包括浴缸、洗手台均为木质（图 2-33）。这种统一而淡雅的基调，与中国文化中留白的意蕴契合。

外观　　　　　　　　　　　　　　　　　　材料构造细部

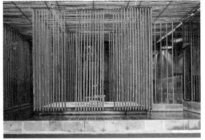

廊　　　　　　　　　　　　　　　　茶室

图 2-32　竹屋

图 2-33　北京瑜舍酒店客房

（图片来源：http://www.cbda.cn/html/picturev/20150825/68067.html）

从北京大学的一些新建建筑中，也可以看出通过材料表达同传统相关联的意图（图 2-34）。北京大学的前身燕京大学，校园是在北京西郊明清时期部分园林基础上扩建的。现校园南部为学生宿舍区，东部为教工宿舍区，未名湖以南中部区域为教学区，北部则包括旧燕京大学的大部分，包括淑春园、鸣鹤园、朗润园、镜春园等古园遗址。

未名湖燕园建筑群为原燕京大学旧址，于 1920—1926 年间建成，包括校门、办公楼、图书馆、外文楼、体育馆、南北阁 1~6 院、岛亭、水塔和男女生宿舍等，以未名湖为中心，呈四周分布，多为二、三层的近代仿古建筑。主要建筑用灰瓦红柱，石造台阶，浅色墙面，檐下有斗拱梁枋，施以彩画；次要建筑取民居园林形式；湖边水塔为八角密檐式。在历史发展中，这些建筑形式逐渐成了北京大学建筑传统，对后续建筑产生了深远影响。近 20 年，新建了北京大学新图书馆、北京大学百周年纪念讲堂、第三教学楼、第四教学楼、农园、北京大学国际关系学院、北京大学体育馆等建筑。尽管这些建筑形式不尽相同，但均采用了灰色调的石材或面砖，保持了同文史楼、老地学楼以及校园南部老宿舍群这些早期建筑的一致性。通过材料呼应的方式，新建筑表现出对北京大学传统的尊重和一脉相承。

中央美术学院美术馆（图 2-35），由日本建筑师矶崎新（ARATA ISOZAKI）设计，位于望京的中央美术学院校园内，总建筑面积为 14777m²，于 2008 年建成。建筑的临街界面设计为不规则曲线，顺应了毗邻街道的走向。建筑的墙面和屋顶无缝连接，石板瓦材料由屋面延伸至外墙面，形成一个流线型的完整体量。从建造上看，小块的瓦片易于适应曲线变化的建筑形体；从功能上看，瓦屋面构造方式的墙面，有利于避免雨水流淌形成的污渍；从尺度上看，四层高的流线型建筑因为基本不开窗，几乎没有尺度依据，因而，小块的瓦片形成

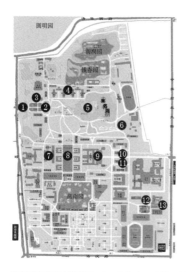

1 北大西门
2 办公楼
3 外文楼
4 红四楼
5 岛亭
6 博雅塔
7 国际关系学院
8 南北阁1~6院
9 图书馆
10 文史楼
11 老地学楼
12 四教
13 北大体育馆（奥运兵乓球馆）

总平面图

国际关系学院和东侧的一、二、三院

文史楼和老地学楼

北京大学体育馆

第四教学楼

图 2-34　北京大学校园建筑

外观　　　　　　　　　　　　　　　　　　　　　　　　　　　　细部

图 2-35　中央美术学院美术馆

了肌理层次，增加了尺度感，避免了单调空洞的视觉感受；从可引发的文化联想上看，灰色瓦片是北京民居建筑最常用的屋面材料，相似的颜色和质感，令这个有着现代形体和功能的建筑同北京传统建立起了意向关联。

红砖美术馆位于朝阳区一号地国际艺术区，建筑面积为 6000m²，庭园面积为 8000 m²，于 2012 年建成（图 2-36）。主体展厅建筑是在原有建筑基础上改造而成的，改建的主要部分——外墙和室内，使用了红砖作为主要材料。庭园的部分则使用青砖作为主要材料。砖是北京传统建筑常用的一种材质，它的色彩质感、砌筑纹样、砌筑尺度，很好地帮助建筑师实现了以大巧若拙的匠心构筑建筑、以可行可望可居可游的园林意象营造园林，以及在庭院中更准确地将生活场景表达出来的意图。

建筑外墙

室内

园林的园洞门

园林局部空间

图 2-36　红砖美术馆

（2）**色彩**　除了材料，利用色彩隐喻传统审美意境也是常用的一种手段。

北京长期的都城史，使其拥有了一个具有强烈皇城特征的色彩体系。皇家建筑如紫禁城等建筑群，顶部黄色琉璃瓦、墙红色、基座白色，鲜明而煊赫的色彩显示出皇家的风范与威严。普通民宅则一律灰砖青瓦，淡雅古朴，静谧安详中透着古城的凝重幽远。二者相得益彰，形成了主次分明、有张有弛的色彩层次。恰当地运用这种具有皇城特征的色彩，可以传达北京作为皇城的历史信息，建立新建筑同旧北京的意向联系。

红色，是北京作为皇城的代表性颜色之一（图2-37），因而也常被新建筑使用，以隐喻北京特质。如国家体育场，隐匿于结构框架内部的红色，在现代结构中融入了一分北京味道（图2-38）。

又如国家大剧院，在面向长安街一侧的下沉主入口墙面上，运用了同故宫、长安街围墙相同的朱红颜色（图2-39）。

T3航站楼（图2-40），屋顶颜色采用北京皇家建筑常用的金黄色，乘客在空中的飞机中便能够通过俯瞰感受到强烈的北京气息。在航站

红墙　　　　　　　　　　　　　　　　　　　红色大门

图 2-37　传统建筑的红色

模型（图片来源：吴洪德．自返其身的建筑工作——国家体育场"鸟巢"中方总建筑师李兴刚访谈 [J].
时代建筑，2008（4）：45.）

夜景

图 2-38　国家体育场中红色的运用

入口广场红墙

大剧院对面长安街红墙

图 2-39　国家大剧院入口的红墙

楼内，柱子和室内顶棚也采用了从橙色退晕到朱红色的色彩处理，多层次强化了北京的皇城特征。作为进出北京的门户，T3 航站楼这种带有北京特色的色彩处理给人留下了深刻的印象。

外观（图片来源：新航站楼中方设计组邵韦平（执笔）. 首都机场 T3 航站楼设计 [J]. 建筑学报，2008，（5）：1）

顶棚   柱

图 2-40 北京 T3 航站楼

（3）**图案** 图案也是能够唤起传统审美意境的重要元素之一。在 2016 年开放的故宫冰窖餐厅中（图 2-41），图案就是一个不可或缺的元素。

故宫冰窖餐厅，位于故宫太和殿、保和殿、中和殿西侧的南北夹道一侧，是在清乾隆年间所建的四座半地下、拱券式冰窖的基础上改扩建而成的。这一面积不大的建筑，入口空间处理得转折迂回，类似于传统四合院的入口处理方式。第一重出入口位于院墙处，正对开口的是加建部分暗红色的亚光外墙，墙面正中是康熙字典体"冰窖"二字。通过此入口，首先进入建筑外墙和院墙所形成的夹道空间内，右转，夹道尽头的左手处，才是第二重出入口——建筑入口。

在这个夹道的两个尽端墙面上，分别设计了八角形和圆形窗洞，窗洞后小庭院内分别种树、置石，均以灰色墙面为衬。虽然这个入口空间面积非常小，但庭院、漏窗、造景，配合含蓄的路线，"庭院深深深几许"的意境跃然纸上。

同样，从中部加建建筑到两侧冰窖的室内空间序列上，也设计了丰富的空间层次。中部加建建筑的屋面上，设计有从南至北贯通的天窗，光线均匀而明亮。而冰窖则全部为人工照明，为了再现原建筑储藏空间的密闭特点，光线多为点光源，整体较暗。在这两个明暗对比强烈的空间之间，有一个小空间起到了很好的过渡作用。这个小空间的侧墙上，开有对着小庭院的传统花窗，一方面引入了适当的自然光，另一方面还通过借景的手法引入自然景观。这种处理，令短短的空间序列在空间尺度、空间照度、环境的自然度上，都形成了有收有放、有张有弛的节奏感。

可见，故宫冰窖餐厅依托起承转合的传统空间处理手法，再综合运用红色主色调、传统花窗图案、康熙字典体 LOGO 等装饰元素，令这个新建筑既有现代设计的简约特征，又传达出恰到好处的古典意蕴，同故宫古建筑相得益彰。

位置图　　　　　　　　　　冰窖院墙外

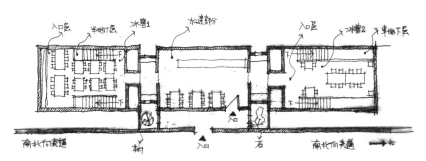

平面示意图

入口墙面和 LOGO　　　　　　入口左侧的八角形窗洞

图 2-41　故宫冰窖餐厅

入口右侧的圆形窗洞

八角形窗后面的树和墙

通往冰窖2过道处的花窗

位于两个冰窖中间的加建建筑

入口层室内

半地下层室内

图 2-41　故宫冰窖餐厅（续）

第三篇

异质要素的对立与整合

壹

从融合到对立

『古　代：融合』

『近现代：交织』

『当　代：对立』

异质要素是相对传统要素而定义的，多起源于本地域之外的地理空间范畴，通过某种传播途径进入本地域，进一步地被接受或使用。从古代、近现代到当代，北京的异质要素同传统要素的关系，表现为融合、交织和对立三个特征。

古代：融合

在 3000 余年的建城史中，860 余年的都城史对北京城市与建筑的后续发展影响最为巨大。自 1153 年以来，北京经历了金中都、元大都、明清北京城等众多古代都城历史阶段。这期间，北京主要处于以汉文化为主的一元文化背景下，但也先后经历了异质要素的融入。

金中都是女真族创建的金朝首都，作为北部半个中国的文化中心，尽管受到了女真文化的影响，但占主导地位的仍然是传统的汉族文化。若把女真文化作为异质性要素，那么"融入"成了当时的异质要素移植方式。从城市发展上看也是如此，金中都虽建于辽南京城遗址之上，但规划上参考了北宋都城汴梁，无论是从城市总体布局还是从街坊里巷、建筑上看，异质要素只是作为分支融入了以汉文化为主流的传统要素中。

元大都更是依据中国都城建设的一贯制度而建，从城市布局到建筑型制都表现了以汉文化为主体的传统性。同时，由于元朝崇信佛法，来自印度的佛教文化也影响了一些建筑类型。如妙应寺白塔，就渊源于古印度的建筑型制——窣堵坡，由尼泊尔的建筑师阿尼哥参与设计。在佛教文化的传播过程中，外来文化和本土文化发生了一定程度的融合。例如，佛塔和传统多层木结构建筑这两种形式相结合，形成了一种新的建筑形式——楼阁式塔。早期受佛教文化影响，在整体布局中强调塔的核心地位，但到了明清以后，合院的整体性逐步成为布局重点，塔的核心地位不再被强调了。除了佛教文化，源于西亚的伊斯兰教也在元朝时期开始传播，但同佛教文化的影响力基本局限于佛塔、佛寺、石窟等佛教建筑相类似，伊斯兰文化的影响也仅局限于清真寺这一建筑类型。

明清北京城期间，异质要素的影响也从未间断。一些西洋建筑师在北京参与建筑活动，将西方建筑样式传入北京。长春园西洋楼就是乾隆时期，由西方传教士设计监修、中国匠师建造的一组以西洋样式为主、结合了中国建筑元素的欧式建筑园林。不过相对于总体而言，这类建筑属于极少数，此时的异质要素还只是被当作猎奇的对象，没有同传统要素发生强烈的矛盾。

因此在古代时期，异质要素对于北京建筑发展的影响力较小，在强大的传统面前多以融入的姿态存在和发展。

近现代：交织

1840 年鸦片战争使中国的国门被迫过度地打开，西方文化强势而迅速地涌入。20 世纪初，首先出现了教堂建筑，后期又陆续出现了医院、学校、图书馆等建筑类型。伴随着这些新建筑的出现，同传统建筑体系截然不同的西方建筑体系随之传播开来。在当时社会变革的大背景下，人们非常渴望接受新的异质要素，同时，西方建筑体系的功能、结构、材料，更符合工业化时代的发展，因此很快地被接受，同传统要素交织在一起。

1949 年新中国成立以后，苏联的意识形态和建筑思想，又开始影响北京城市规划和建筑设计。单位大院、集合住宅、工业建筑大量出现，改变了局部地区的城市肌理和空间形态。此外，还出现了斯大林风格建筑，如北京展览馆、中国人民革命军事博物馆，建筑中部设计有层叠上升、收束样式的尖顶。不过，全盘接受这种风格的建筑是少数，大多数建筑还是采用大屋顶形式，进行了中国化表达。

可见，近现代时期，异质要素的内容随着时代在变化，但始终同传统要素交织在一起。在这种交织中，虽然整体上没有发生普遍性的冲突，但在局部已形成矛盾。

当代：对立

1978 年改革开放以后，北京建筑迅速受到外来文化的影响。一方面改革开放之前禁锢太久的状态加深了对外来文化的渴望,人们在主观上多具有接受新事物的强烈意愿;另一方面,信息媒介的飞速发展、大量增长的迁移扩散人群数量在客观上也促使了文化扩散迅速蔓延。在这种社会背景下,西方多元的建筑理论及实践影响到了北京。

早期影响力最大的是国际主义思潮,建筑追求经济性及与之相匹配的审美风格。因此20世纪80~90年代,简洁但缺乏地方特色的建筑风格成了一个显著的异质要素。

20世纪90年代以后,为适应城市快速发展的需求,新城建设加速。随着城市环路和快速路的建成,城市迅速扩张,以旧城为核心向外平摊式蔓延,形成了大尺度的新城结构和单层次的城市空间,同旧城区缺乏联系,造成了明显的异质性。

与此同时,随着经济开放程度的加深,一些跨国企业开始在北京开展商业活动,随之出现了一些新的建筑类型,建筑规模日益加大,体量也随之增大。尤其在旧城内,无论是水平大体量还是高度大体量的建筑,都很大程度地冲击了北京传统的近人尺度,同原有水平发展的合院建筑群形成了强烈的对比。

此外,开放的社会带来了多元的建筑思潮,消费社会普遍追求商业价值,在它们的共同作用下,出现了多种多样的建筑风格。有的照搬异域风格,有的则追求标新立异。多种风格混杂共存,缺乏有效的规范和引导,对北京原本主次有序、稳重大气的城市风貌形成了很大冲击。

可以说,古代异质要素较传统要素是弱势旁支,近现代异质要素与传统要素交织抗衡,比较而言,当代二者的矛盾已经比较突出,异质要素成了发展中的主体,导致了当今北京特色淡化的困境。

贰

异质要素的表现

『新城结构：大尺度布局』
『城市空间：单层次发展』
『新型建筑：大体量扩张』
『建筑风格：功利性迎合』

当代北京，异质要素突出表现为以下四个方面：大尺度新城结构，单层次城市空间，大体量新型建筑与功利性建筑风格。

新城结构：大尺度布局

北京建筑异质要素的首要表现是大尺度的新城结构，这是在 20 世纪 80 年代以后城市迅速发展的结果。蔓延粗犷的平面肌理和规划无序的高度肌理构成了新城结构的两个特点。

1. 蔓延粗犷的平面肌理

北京城市空间范围的扩展是逐步形成的（图 3-1）。

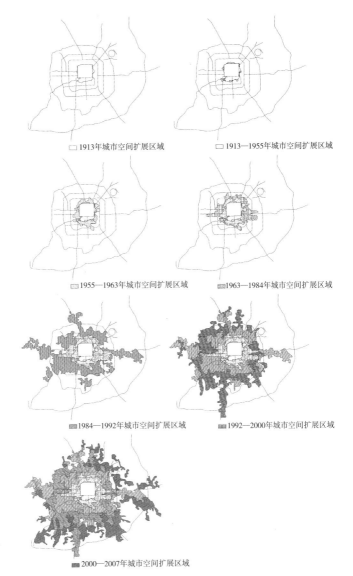

□ 1913年城市空间扩展区域   □ 1913—1955年城市空间扩展区域

▨ 1955—1963年城市空间扩展区域   ▤ 1963—1984年城市空间扩展区域

▥ 1984—1992年城市空间扩展区域   ▤ 1992—2000年城市空间扩展区域

图 3-1 北京 1913—2007 年期间不同时期城市空间范围的扩展

■ 2000—2007年城市空间扩展区域

1913—1955 年前后，北京城市范围基本在旧城以内发展。1955—1963 年前后，向西北扩展教育科研区，向东、西两个方向扩展工业区。1963—1984 年前后，向东、西、南、北四个方向都有所扩展，主要是向东、西扩展的工业区。1984—1992 年前后，随着改革开放进程的深入和北京城市功能的重新定位，北京进入了快速扩展期，西北部颐和园、西部石景山、南部及东南部的北京经济技术开发区是主要的扩展方向，同时，迎接 1990 年亚运会的建设带动了城市建设向四环和五环扩展。1992—2000 年，填充了一些区域，南、北部也有扩展。2000 年后，受全球经济一体化、大北京城市建设规划、2008 年奥运会场馆建设的影响，北京城市进入了有史以来最快的扩张阶段，以蔓延式扩张为主，东南西北四个方向的区域都有不同程度的扩大。

再看北京的城市空间结构发展。从北京的规划来看，早在 20 世纪 50 年代北京就提出了"分散集团式"的发展模式。1994 年《北京城市总体规划》（1991—2010 年）提出建立 10 个边缘集团和 14 个卫星城。2005 年《北京城市总体规划》（2004—2020 年）提出"两轴—两带—多中心"的城市空间结构。2017 年《北京城市总体规划》（2016—2030 年）草案又提出一主、一副、两轴、多点空间结构。以上各个规划，都提出了多中心的思路，以缓解中心城区的压力。但是从实际发展上看，中心城区同边缘集团、卫星城之间的用地，随着发展逐渐被开发利用，规划中原本相对独立的边缘集团逐渐同中心城区连成一片，形成了以旧城为中心的"摊大饼"式蔓延发展的空间格局。

这种发展模式令城市结构呈现出了粗犷的形态。以望京地区为例，它是一个规划总用地 860hm^2（统一建设区 492hm^2）、规划人口 23 万人的城市新区，在 1992 年规划之初被定为以住宅为主，兼有相当规模的市级大中型公建，包含为民航服务、为酒仙桥电子工业配套的

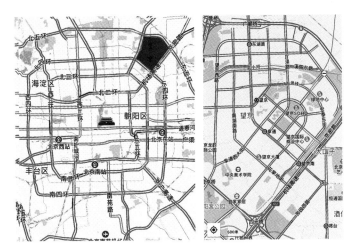

图 3-2 北京望京地区城市区位图　　图 3-3 北京望京地区路网规划图

技术密集型工业区的多功能综合新区（图 3-2，图 3-3）。其规划更多地依据前苏联的居住区规划理论，以城市道路为界，规划了 13 个居住小区，主要道路间距为 500m 左右。小区多采用封闭式管理，内部再划分次级道路。这种规划理论和封闭管理方式，导致望京地区街区尺度大，城市肌理粗犷，是典型的为汽车设计的城市。

2. 规划无序的高度肌理

同国外很多城市采用中心城区高层高密度、外围城区低层低密度的开发模式相反，北京在规划建设中一直倡导高强度、高密度的立体开发模式。

首先，这种情况同中心城区人多地少的现实情况有关。这种开发模式最大程度地满足了城市人口、功能、设施都高度聚集的空间结构需求，配合了高度聚焦式的城市布局，造成了城市向纵向、立体趋势发展。

其次，这种开发模式还同对经济发展的过度追求有关。为了追求更高的经济收益，开发商希望争取更多的建筑面积，因此除了旧城区受到明确的建筑限高控制之外，新城区内大多数建筑都早已突破了《北京城市总体规划》（1991—2010年）对旧城以外建筑限高"一般不超过60m"的模糊规定，越来越多的超高层建筑，如239m的北京电视中心、249.95m的银泰中心、265m的财富中心、330m的北京国贸三期等陆续建成。而且不仅商业、办公等建筑类型实行了高强度、高密度的开发策略，住宅建筑也越来越多地趋向高层化发展。

这种开发模式虽然在一定程度上获得了回报，但对于城市空间而言，过度和无控制地追求高度，使城市形成了一种无序的高度肌理。从总体来看，形成了中间低、向外城升高的"碗"形高度肌理，旧城区"湮没"在一圈高层建筑的包围中，形成了整体肌理的断裂（图3-4）。从北京城的中心故宫向四周，尤其是东部看，新旧建筑并置，形成了当代北京特别的景观（图3-5）。

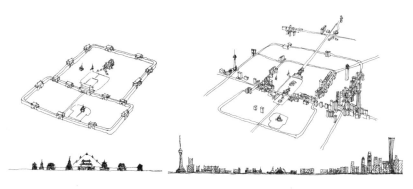

古代北京城市高度肌理示意图　　当代北京城市高度肌理示意图

图3-4　北京城市高度肌理的变化

东部天际线（2017 年）

北部天际线（2017 年）

西部天际线（2017 年）

图 3-4 北京城市高度肌理的变化（续）

南部天际线（2017 年）

图 3-4　北京城市高度肌理的变化（续）

图 3-5　从故宫内看东部（2017 年）

城市空间：单层次发展

1. 道路割裂的空间形态

北京在近 40 年发展中迅速扩张，这同北京的环路及快速路的建设发展有密切关系。

1980 年中期以后，环路和放射线的道路网建设速度加快，1992 年、1994 年、1998 年和 2003 年，二环、三环、四环、五环路陆续建成通车，各环路之间的快速路联络线也逐步增多，客观上成了北京"大饼"形态城市结构的"骨架"。

环路和快速路建设的本意是解决城市交通问题，但随着道路交通便利性和可达性的提高，沿线的土地价值明显升高，从客观上影响了土地的开发强度和使用方式。换言之，道路交通体系布局，客观上引导了城市空间沿主干道集中发展，促进了单层次城市空间形态的形成。

环路在城市发展中具有重要的向心性，它吸引了建筑以环路为中心进行布局，主要出入口和主要立面朝向环路，沿主环路形成了连续的硬质界面，空间层次单调。同时，建筑过于侧重环路的向心力，容易同周围街区的空间结构产生脱节（图 3-6~ 图 3-9）。

此外，环路立交的局部区域，道路桥梁的尺度巨大，破坏了城市空间结构的连续性和均质性。

除了环路，北京在近年发展中大量建设、拓展了城市快速路、主干道、干道等各级城市道路。同样，这些道路满足了日益增大的交通需求，但同时也为城市空间发展带来了不可忽视的负面影响。这些道路主要为适应汽车快速行驶而设计，因而往往尺度巨大，宽度大，而且经常采取封闭的形式，间隔很远才设置人行横道和道路交叉口。这

图 3-6　北京东二环空间形态

图 3-7　北京东三环空间形态

西二环路

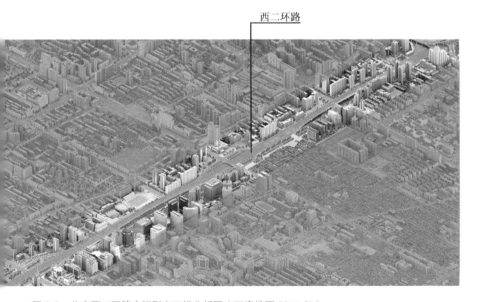

图 3-8　北京西二环路空间形态三维分析图（百度地图 2011 年）

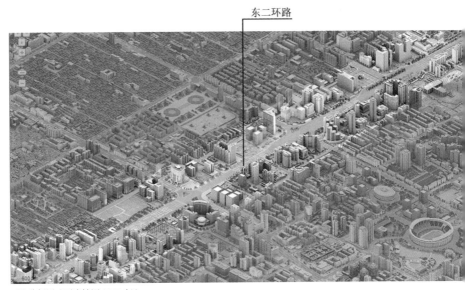

三维分析图（百度地图 2011 年）

二维分析图（百度地图 2017 年）

图 3-9　北京东二环路空间形态分析图

通惠河北路和东三环路相交处的城市空间　　　　　　　　紫竹院路（快速路）两侧城市空间

图 3-10　被环路和快速路割裂的城市空间

虽然满足了汽车快速通行的目的，但却使城市空间形成了割裂的状况，道路生硬地阻隔了城市空间的连续性（图 3-10）。

2. 直接简单的空间层次

除了道路割裂的空间形态，建筑同外部空间之间缺少过渡，空间层次直接简单也是城市快速发展的一个结果。

造成空间层次直接简单的原因主要有以下两个。第一个原因是过高的开发强度。北京单中心的城市结构布局导致了土地价值的日益增加，出于对经济利益的追求，建筑向高容积率和高密度发展成了必然趋势。这使建筑很难或不愿意以牺牲经济利益为代价，减少建筑面积、增加场地，以换取丰富的空间层次。尤其对于商业建筑而言，对经济利益的追求往往超过对城市空间的考虑，建筑大多愿意贴临街道，争取最多的沿街界面，以获取更多具有商业价值的空间。即使一些建筑按规划红线要求有所退后，但退后的空间也多用作停车场，缺少植物和景观设计，空间单调乏味（图 3-11）。

图 3-11　北京燕莎友谊商城
临三环路一侧

第二个原因是很多建筑群采用了封闭的界面处理。尤其是办公、住宅建筑，多采取封闭管理的模式，以围墙、围栏或绿植封闭场地，人为地阻止行人"穿越"。如此一来，城市空间被划分为一块块"私属领地"，界面整齐、缺乏层次。

新型建筑：大体量扩张

自近现代以来，北京就不断地出现新的建筑类型。当代以来，随着经济、文化、生活领域的全球化，一些新建筑类型更是不断出现，如 Shopping Mall、超市、写字楼、酒店式公寓等。这些建筑为满足越来越复杂的需求，往往具有庞大的建筑规模、庞杂的建筑功能和复杂的建筑流线。这些特点导致它们的体量巨大，向水平、垂直单方向或双方向扩展。

1. 水平大体量建筑

水平大体量建筑的特点是占地面积大。旧城内存在的这类建筑，往往是粗暴合并用地、取消胡同后集中建设的结果。它们严重地改变了道路与用地结构，破坏了平面肌理均质道路网格的连续性。在新中国成立初期，这类建筑多为一些单位或居民大院；改革开放以后，则增加了商业办公等公共建筑（图 3-12）。

单位或居民大院，一些在新中国成立后一段时间建成，一些在改革开放后、旧城改造的过程中建成。建筑用地内的旧建筑通常全部拆除，新建的居民楼或办公楼则依据新的需求规划布置，在用地边界大都有封闭的围墙。以东城区禄米仓胡同东口智化寺地区为例（图 3-13），从图中可以看出，其东侧的大院侵占了十数个四合院用地，用地内是行列式布局的多层办公楼和住宅楼。这种简单粗暴的拆改方式，破坏了旧城原来的道路系统和空间关系，并且因为距离智化寺过近，尺度的巨大反差影响了古建筑的整体意境。从智化寺内向东望去，能够深刻体会到城市肌理的断裂。

图 3-12　北京旧城区三维模型图（百度地图 2011 年）

从智化寺内向东看住宅

三维模型图（百度地图）

图 3-13　东城区禄米仓胡同
东口智化寺东侧的大院

　　改革开放以后常出现的商业建筑，以东单王府井地区的东方广场商业区和西单商业区、金融街建筑群为典型代表。为了追求商业价值，这类建筑不仅占地面积大、建筑密度大，而且建筑容积率高。过大的建筑密度和容积率大大减少了建筑外部空间，完全改变了传统建筑围合式布局所形成的均质虚实空间平面肌理。例如西城区金融街地区和西单商业区（图 3-14），从 Google 地图和三维模型图上均可以看出，建筑高容积率和大密度改变了旧城原有的舒缓有序的空间肌理。同样，东城区东方广场建筑虽然采用了围合式的布局方式，但其过高的容积率和建筑密度改变了道路结构，改变了空间比例，这一区域的旧城结构已经消失（图 3-15）。

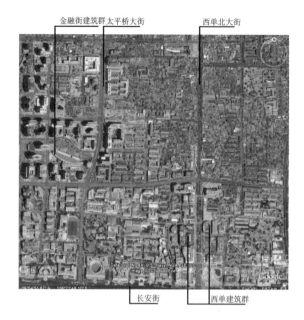

金融街建筑群太平桥大街　　　西单北大街

西城区金融街地区和西单商
业区（Google 地图 2011 年）

长安街　　　西单建筑群

金融街建筑群

长安街　　　西单建筑群

西城区金融街地区和西单商业区三维模型图（百度地图 2011 年）

图 3-14　北京西城区局部平面肌理图

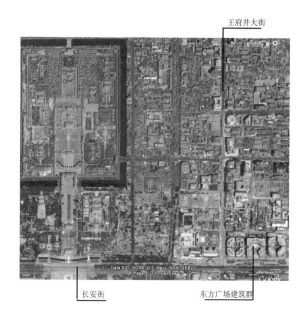

东城区东方广场地区
（Google 地图 2011 年）

东城区东方广场地区三维模型图（百度地图 2011 年）

图 3-15　北京东城区局部平面肌理图

除了旧城区以外，水平大体量建筑也大量出现在新城区内，同大尺度新城结构共同构成了与北京旧城相异的城市面貌。

2. 高度大体量建筑

北京旧城具有主次分明的高度肌理，然而自现代至当代，多层及高层建筑在缺少整体规划的背景下大量建设，使旧城失去了原先经过统一规划、完整优美的秩序。

对比新旧北京城局部鸟瞰照片（图 3-16）可以看出这种变化。以白塔寺地区为例，原来由于严格的等级制度限制，皇家建筑和宗教建筑高度较高，其他大量民宅则多为单层，因此从 1954 年的照片上看，白塔寺在城市中处于标志地位，所形成的高度肌理主次分明，有序而优美。而从 2010 年的照片上看，白塔寺已经淹没在大量处于自由无序状态的建筑之中了。再对比 2010 年和 2017 年同一个位置所拍摄的照片，白塔寺周边及西部建筑轮廓线几乎没有变化，说明近年来这种趋势在这一地区得到了控制。

分析原因，一方面，这种无序状态的形成同规划滞后有关——有些情况是规划制定不及时、落后于建设速度，有些情况是规划高度和范围过于宽泛，有待进一步细化；另一方面，这种无序状态的形成同规划执行不利有关。

如上述白塔寺地区，北京 1993 年曾出台过针对旧城区的限高规定："以故宫为中心，由内向外逐步提高建筑层数，除规定的皇城以内传统风貌保护区外，建筑高度分别控制在 9m、12m 和 18m 以下。长安街、前三门大街两侧和二环路内侧以及部分干道的沿街地段，允许建部分高层建筑，建筑高度一般控制在 30m 以下，个别地区控制在 18m 以下"。但从现状来看，这一规定并没有起到约束作用，膨胀无序的建设状态

旧城区阜成门内
以北地区航拍照
片（1954年）

（图片来源：王
军.采访本上的
城市[M].北京：
生活·读书·新
知.三联书店，
2008：329）

从景山看西侧旧
城区（2010年）

从景山看西侧旧
城区（2017年）

图3-16 从旧城区局部新旧时期对比图看高度肌理变化

导致了传统肌理的局部破坏。

又如，王府井地区限高为 30m，1999 年建成的东方广场在设计之初的高度却为 80 余米。出于政治、经济等多方面因素考虑，最后东方广场虽有所妥协，但仍然突破了规划限高，最终建成了一组高度分别为 48m、58m、68m 的建筑群，对旧城区平缓开阔的传统空间格局有很大影响（图 3-17）。

从景山上看东方广场

从长安街看东方广场

图 3-17 东方广场

在新城区，更是大量出现高层建筑。客观地说，高层建筑在北京的出现和发展是一种必然趋势，符合经济发展的规律。但是如何在规划中全盘考虑，将城市空间也作为影响因素对其发展进行引导和制约，却是北京至今尚未处理好的问题。

当代北京在几个区域集中出现高层建筑群（图 3-18）。西二环金融街区域，规划用地 103hm²，建筑面积 300 万 m²，以高层建筑为主；东二环沿线，尤以北段高层建筑最为密集；三环沿线，其中东三环 CBD 区域占地面积 400hm²，建设规模 800 万～1000 万 m²，高层建筑呈片状发展，写字楼约占 50%，公寓和商业等配套设施各占 25%；四环沿线，其中北四环西段中关村区域占地面积 51hm²，规划地上总建筑面积 100 万 m²，地下总建筑面积 50 万 m²，高层建筑呈片状发展；长安街延长线两侧，高层建筑日益增多。其他区域则有不同程度的随机发展。

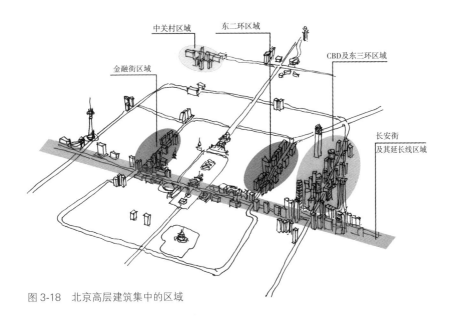

图 3-18　北京高层建筑集中的区域

从总体上看，近年来高层建筑呈快速发展趋势，高度超过100m的超高层建筑迅速增多（表3-1、图3-19）。高层建筑的组成，除了常见的写字楼、酒店等商业建筑，高层住宅建筑也在近30年大量涌现。

表3-1 北京主要的超高层建筑（至2017年）

序号	楼名	高度/m	建成年代
1	中国尊	528.00	在建
2	CBD核心区Z6地块项目	405.00	规划
3	中央广播电视塔		1994年
4	国贸三期A座	330.00	2010年
5	国贸三期B座	295.00	2017年
6	财富中心三期	265.00	2013年
7	银泰中心柏悦酒店	249.95	2007年
8	北京电视中心	239.00	2006年
9	中央电视台新台址CCTV办公楼	234.00	2009年
10	京广中心	209.00	1990年
11	望京SOHO主楼	200.00	2014年
12	盘古大观A座	191.50	
13	银泰中心B座PICC大厦	186.00	2007年
14	银泰中心A座		
15	京城大厦	183.50	1991年
16	京地中心A塔	168.00	2007年
17	华贸中心三号楼	167.50	
18	中国人寿大厦	165.00	1996年
19	保利国际广场	161.20	2016年
20	国贸一期	155.10	1990年
21	国贸二期		1999年
22	浦项中心A塔	154.80	2014年
23	财源国际中心西塔A座	152.95	2008年
24	财源国际中心西塔B座		
25	华贸中心二号楼	151.30	2007年
26	中关村金融中心	150.00	
27	SOHO嘉盛中心		2008年
28	泰康金融大厦		

（续）

序号	楼名	高度 /m	建成年代
29	中海广场	150.00	2009 年
30	中钢国际广场		2005 年
31	北京平安国际金融中心	147.50	2008 年
32	LG 双子座大厦 A 座	140.00	2006 年
33	LG 双子座大厦 B 座		
34	方恒国际中心主楼		2008 年
35	北辰时代大厦		2008
36	中环世贸中心 A 塔	137.40	2005 年
37	中环世贸中心 B 塔		
38	华贸中心一号楼	135.00	2007 年
39	北京远洋国际中心 A 座	129.90	
40	中服大厦	126.00	1999 年
41	中环世贸中心 D 塔	125.70	2005 年
42	中环世贸中心 C 塔		
43	腾达大厦	125.00	2000 年
44	中关村数码大厦 A 座		2003 年
45	中关村数码大厦 B 座		
46	西门子中国新总部大楼	123.00	2008 年
47	浦项中心 B 塔	119.40	2014 年
48	乐成中心 A 座	116.95	2008 年
49	乐成中心 B 座		
50	南银大厦	110.00	1996 年
51	清华科技大厦 A 座		2005 年
52	清华科技大厦 B 座		
53	清华科技大厦 C 座		
54	清华科技大厦 D 座		
55	金地中心 B 塔	108.00	2007 年
56	新保利大厦	105.20	2006 年
57	天元港中心 A 座	100.00	2007 年
58	天元港中心 B 座		
59	来福士广场		2009 年
60	嘉铭中心		2010 年

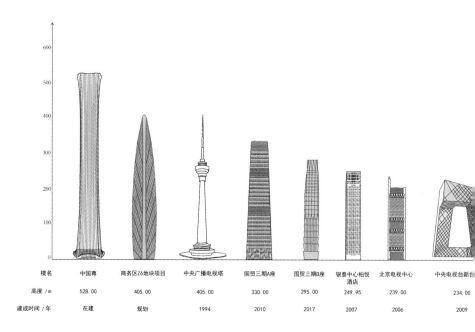

楼名	中国尊	商务区Z6地块项目	中央广播电视塔	国贸三期A座	国贸三期B座	银泰中心柏悦酒店	北京电视中心	中央电视台新台
高度／m	528.00	405.00	405.00	330.00	295.00	249.95	239.00	234.00
建成时间／年	在建	规划	1994	2010	2017	2007	2006	2009

图 3-19　北京部分超高层建筑高度示意图

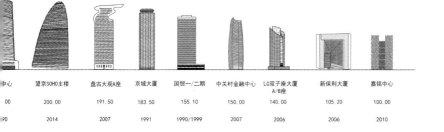

	中心	望京SOHO主楼	盘古大观A座	京城大厦	国贸一/二期	中关村金融中心	LG双子座大厦A/B座	新保利大厦	嘉铭中心
	00	200.00	191.50	183.50	155.10	150.00	140.00	105.20	100.00
	90	2014	2007	1991	1990/1999	2007	2006	2006	2010

建筑风格：功利性迎合

1. 异域风格

当代北京出现了很多具有异域建筑风格的建筑，最常见的建筑类型是住宅、办公、商业建筑。它们模仿不同的西方历史主义建筑风格，以满足大众对欧洲、美国等文化或崇拜或猎奇的心理。"欧洲古典""美式田园""塞纳河畔""地中海"等典型异域文化标签成了许多房地产项目的卖点（图 3-20）。在后期发展中，还从单纯的模仿，逐步演化出简化版的"新古典主义"风格（图 3-21）。

这种现象的发生，是消费经济社会的商业价值观所致。商业价值观最早形成于中世纪后期的西欧，随着商业影响的扩大和商人地位的提高，新型商业价值观开始形成，并逐渐取代了神学价值观。商业价值观以对财富的最大追求、冒险精神、自由和平等概念为主要内容，推动了近代社会的发展，成了资本主义社会重要的价值取向⊖。

文字简介

外观

图 3-20　北京"麦卡伦地"别墅宣传册

⊖　王桂山. 论近代开端前后西欧商业价值观的形成 [J]. 扬州教育学院学报，2007（3）：44.

北京中海凯旋公寓

北京万城华府住宅

图 3-21 新古典主义风格住宅

到了 20 世纪，随着经济逐步繁荣，整个世界也由初期的政治语境向商业语境转型，特别是第二次世界大战后，商品经济飞速发展，商业价值观渗透进了社会各领域，20 世纪五六十年代发展起来的波普艺术（POP）就是商业化价值观影响下形成的一种风格流派。

同样，商业价值观也影响到了建筑领域，文丘里 1972 年在《向拉斯维加斯学习》中，提倡向赌城拉斯维加斯学习，接受群众的喜好，通过建筑语言体现美国社会的商业气息和快餐式消费文化。

商业价值观对当代北京的影响，发生在计划经济转为市场经济之后。建筑逐渐成了经济链条上的一环，具备了商品的特性，建筑作为商品的概念被广泛接受。尤其是 20 世纪 90 年代中期以后，北京经济水平提高、社会中间阶层增加、外来人口增多，推动了房地产业迅猛发展，强化了建筑作为商品的定位。发展到如今，建筑商业价值观已经被全社会接受。

建筑商业价值观的本质是将建筑当作商品，在这一"商品"流通的环节中，建筑师是商品的生产者，其服务的对象之一为投资方，即商品的生产商，对象之二为顾客，即商品的购买者和使用者（图3-22）。在这种商业化的关系中，建筑作为商品，不仅要满足购买者的物质需要，还要满足购买者的文化需求，因为建筑除了单纯的实用性外，其背后蕴藏的设计风格、意识理念等文化附加值也是购买者考虑的因素。而只有满足了购买者的功能和文化需求，投资商才能获得相应的效益回报。

在这种商业价值观的影响下，为了迎合大众喜爱西方文化的需求，很多建筑选择了异域建筑风格。较早期的如1997年建成的恒基中心（图3-23），采用了尖顶、圆拱、壁柱等典型西方建筑元素，属于新古典主义风格。较晚期的有2006年开业的北京蓝色港湾商业中心（图3-24），它的总体布局设计为分散式、低密度，采用钟楼、拱廊等建

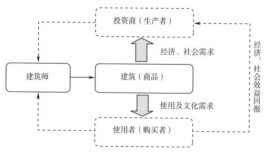

图 3-22　建筑师和作为商品的建筑

图 3-23　恒基中心

入口广场

钟楼

左岸

钟楼广场

形态与空间分析图

图 3-24　北京蓝色
港湾商业中心

筑元素，融入广场、露台、坡道等景观元素，在建筑材料、色彩和尺度上均表现出欧洲小镇风格。

从近年来新建筑的发展趋势上看，这类异域风格的建筑逐渐减少，公共建筑表现尤为明显。这说明，随着了解程度的加深，大众对于西方文化的喜爱程度已经降温，趋于理性。

2. 前卫风格

前卫风格建筑的出现，一个原因也是商业价值观的推动，另一个原因则是当代审美的改变。

（1）**商业价值观的推动**　中央电视台新台址 CCTV 办公大楼是这两个原因共同作用下形成的实例（图 3-25）。它位于北京朝阳区东三环中路以东，位于中央商务区（CBD）的核心地带，规划建设用地面积为 18.7hm²，总建筑面积约为 55 万 m²，包括 CCTV 办公大楼、电视文化中心（TVCC）、梅地亚公园、安全保卫设施和专用停车场四个区域。方案于 2002 年设计招标，2009 年建成。荷兰大都会建筑事务所（Office for Metropolitan Architecture，OMA）建筑师库哈斯（Rem Koolhaas）的方案中标，华东建筑设计研究院有限公司为施工图设计合作单位。

CCTV 办公大楼具有夸张的体形和挑战性的结构。52 层、234m 高的塔楼和 44 层、194m 高的塔楼在高空向内倾斜 6°，在 162m 高空中由 14 层、56m 高、约 1.8 万吨重的悬臂钢结构相交对接，在大楼顶部形成折形门式结构体系，悬挑长度分别为 75m 和 67m。倾斜、悬挑、扭转这三个高层建筑结构设计中的难题，CCTV 办公大楼占了前两个。

专家评委这样评价："这是一个不卑不亢的方案，既有鲜明的个性，

从景山上看CCTV办公大楼

从南侧看CCTV办公大楼

图3-25　中央电视台新台址CCTV办公大楼

又无排他性。作为一个优美、有力的雕塑，它既能代表新北京的形象，又可以用建筑的语言表达电视媒体的重要性和文化性。其结构方案新颖、具可行性，将推动中国高层建筑的结构体系及思想上的创新，不仅能树立北京中央电视台的标志性形象，也将翻开中国建筑史新的一页[⊖]。"

可以看出，方案中标并被赋予"开创中国建筑史新里程"赞誉的主要原因有以下三点：第一，代表了"新北京"的形象；第二，表达了中央电视台媒体的重要性和文化性；第三，结构方案有创造性。

不过与此同时，激烈的批评也从未中断。批评集中在以下两点：第一，造型怪异，超出了结构和经济理性限度（尤其是我国的）；第二，其诠释的"新"北京形象有标志性，但和"旧"北京没有关系，放在世界其他地方也无不可。

关于经济性，库哈斯团队成员认为"经济限度"是相对而言的，CCTV办公大楼的存在向世界表明了北京对新空间、新摩天楼形态的一种欢迎态度，因此能够成为北京21世纪的"新标志"和"新形象"，它可以作为一个领军的杰作，激活整个CBD，并且控制周围建筑各自为政的散乱状态，换言之，业主如果有能力实现这一建筑，那么其对城市所起到的作用，便对经济付出做出了回报[⊖]。

关于北京地域性，库哈斯认同北京是个古老的城市，不应出现过于强烈的地标性建筑，他主观上也并不想将CCTV大楼设计为强烈标

⊖　林美慧.北京新建筑[M].北京：中国青年出版社，2009：87.

⊖　王军.采访本上的城市[M].北京：生活·读书·新知.三联书店，2008：249-252.

志建筑 ⊖。但 CCTV 办公大楼悬臂、扭转的形体，即便在建成后近 10
年的今天、在新建筑云集的 CBD 地区中，也仍然脱颖而出，是最吸
引眼球的建筑。并且从专家评价中可以看出，业主也恰恰是希望建筑
有标志性的，用以表现新北京形象以及中央电视台的重要地位。所以，
最终的结果其实是迎合了业主需求的。

（2）审美趋势的反映　再从审美上看 CCTV 办公大楼，它还是
当代新的审美趋势的反映。

新的审美观以非理性主义和个人主观主义为基础，以主观、内在、
非理性、非功利性、动态美学形态为表达目标 ⊜。它与传统美学的区别
主要在于美学研究对象的转变——从传统美学以"美的本质"为重心
向"审美体验"为重心转变。这种转变是一个划时代的根本性突破，
也深刻地影响了当代建筑审美思维。在其影响下，建筑审美重点也从
对"美的本质"的关注向"美的体验"转变。

当代西方审美思维以体验为重心，以反逻辑或非逻辑、自由的美
学精神为原则，在强调审美独立性的同时倡导通过审美应对社会诟病。
这种以体验为重心的建筑审美思维往往表现为非总体性思维、混沌—
非线型性思维、非理性思维和共生思维 ⊜。

其中，总体性思维追求差异性、个性和多元性，是对总体性及任
何形式美学专制的反对。

⊖　王军. 采访本上的城市 [M]. 北京：生活·读书·新知. 三联书店，2008：244-
245.

⊜　寇鹏程，周鑫. 西方审美价值取向的流变 [J]. 晋阳学刊，2002（2）：41.

⊜　万书元. 当代西方建筑美学新思维（上）[J]. 贵州大学学报（艺术版），2003，（4）：
67.

混沌—非线型性思维建立在主张有机主义世界观的混沌学之上，反对非此即彼的线性思维，主张以混沌和有序深度结合的方式表现复杂、不可预测和多样化的社会。

非理性思维主张逆秩序、逆惯性、拆解中心、建构充满自由精神、富有个性色彩的另类建筑美学。

共生思维，则出于对生态环境的考虑，关注人与自然、建筑与自然关系，主张建筑审美应超越建筑功能、形式或者空间和视觉审美，即将人、建筑、自然之间的共生关系作为审美基础和共同考量的参数。

中国国家游泳中心（水立方）也是同这种新审美观相符的实例（图3-26）。其表皮的生成是非线性审美思维的反映。建筑师以有机结构体为基本元素，从"涌现"现象中建立数学模型，在这些模型中，大量平行的个体或细胞单位按照十分简单的运动规律进行互动反应，未形成结构的图案引起形态生成的运动，继而导致整体形态在几何学上的形变，几何的变形打破了旧图案，使新的图案涌现出来，从而产生了新的形态生成运动。这个过程一直持续，直到图案的分布与模型中的几何性取得平衡，并最终呈现出复杂的图案和效果⊖。基于这种生成方法，水立方的表皮图案虽看似不规则，但实则属于一个完整、平衡的体系，因而在动态中保持了完整和平衡。

非线性思维建构建筑常用的手法，是以生命构成为基本元素，在秩序与混乱、静止与运动、随机和确定、不可预测和可预测、自由意志和决定论这样一些对立项中自由选择，甚至双级选择。最后表现出来的形式则体现出无逻辑的逻辑、无秩序的秩序，甚至无设计的设

⊖ 田宏. 数码时代"非标准"建筑思想的产生与发展 [D]. 北京：清华大学，2005：36.

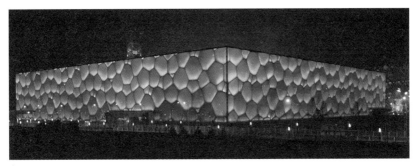

夜景

表皮材料与结构（图片来源：宋晖浩，姜泳，林波荣，等. 技术解读北京国家游泳中心"水立方"[J].
时代建筑，2008（4）：56-57）

图 3-26　中国国家游泳中心（水立方）

计，完全不同于基于传统建筑审美法则所生成形式的逻辑和秩序感。ETFE 膜材料及相应技术帮助这种形式得以实现。

北京来福士广场大楼（图 3-27）的建筑形式也是基于非线性思维方式生成的。建筑外部表皮、中庭玻璃体、中庭采光屋顶以及地下层的顶棚等界面，均表现为不规则的复杂形态系统，整体呈现出不规则的起伏与扭转。但分析其建构规律，会发现构图基本元素是简单的三角形。简单的三角形经过空间扭转、组合，形成整体复杂、与众不同的形式。这种设计手法传达了混沌学"通过简单的决定论的系统可以滋生复杂性"的理念。这些建筑手法也应和了非线性审美观所崇尚的目标——随机中隐含有序、自发中隐含自协调。其最终形态通过玻璃幕墙技术和空间网架技术实现。

威斯汀酒店也是打破秩序、动摇理性的非理性思维的表现实例（图 3-28）。从外部形态上看，屋顶高低起伏，入口雨篷呈倾斜状突出，窗无规律排布，内部顶棚延续外部雨篷的折面形态，地面分格呈放射状发散、错位，家具非正交随机成组布置。这一系列利用倾斜、非矩形几何形变的建筑手法打破了常规建筑垂直、矩形的均衡构图，以非逻辑、非目的性、非永恒性、非同一性作为手法应用的准则，表达了模糊、变化、本能、直觉、无意识等非理性思维的内在审美本质。

类似的还有望京悠乐汇商业中心（图 3-29）和望京思源集团办公楼（图 3-30）。从它们的形式生成逻辑上看，传统的美学法则已经完全被新的体验审美思维方式所取代了，空间网壳、悬挑等结构技术及新型金属幕墙材料等，为新的形式语言表现提供了途径。

值得注意的是，体验审美思维方式生成的形式虽然表现出"无逻辑"的表象，但却具有绝对的结构逻辑性。

如鸟巢的钢结构框架（图 3-31），虽然建筑外观看起来纵横交错、

外立面

中庭

地下一层顶棚   中庭屋顶顶棚

图 3-27 北京来福士广场大楼

外观   入口

大堂顶棚   大堂地面

图 3-28　威斯汀酒店

图 3-29　望京悠乐汇商业中心   图 3-30　望京思源集团办公楼

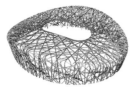

图 3-31　国家体育场（鸟巢）的不规则钢结构图

（图片来源：吴洪德. 自返其身的建筑工作——国家体育场"鸟巢"中方总建筑师李兴刚访谈 [J]. 时代建筑，2008（4）：44）

没有规律，但体育场整体结构却是有序和规则的。中方总建筑师李兴刚解释说，鸟巢的结构元素分为三个层次，第一个是主结构，由 24根组合柱和 48 根桁架梁构成，围绕中间的开口旋转相切交叉。第二个层次是次结构，它的规则是面向椭圆形中心的一种大体上呈放射状排布的结构。第三个层次是以立面大楼梯为主导的斜梁结构，并且延伸到屋顶。这三种层次的元素都有自己的规则，然而当它们编织在一起，又以同样尺寸的截面呈现的时候，又掩盖了各自的规则，造成了一种无规律的效果[⊖]。

　　类似的还有中央电视台新台址 CCTV 办公大楼幕墙表面玻璃分格的划分（图 3-32）。它是根据符合受力特点的内部钢结构布置而衍生的形状。同样，来福士广场内由三角形结构组成的扭转形体也符合受力规律。

⊖　吴洪德. 自返其身的建筑工作——国家体育场"鸟巢"中方总建筑师李兴刚访谈 [J]. 时代建筑，2008（4）：47-48.

已建成

施工中

图 3-32 CCTV 办公大楼立面及结构局部

『整　　合：包容和坚守』
『城市层面：宏观分区和选择性移植』
『建筑层面：布局演化和手法重构』

叁

异
质
要
素
的
整
合

整合：包容和坚守

北京自古以来就不断地受到外族、外地域文化的影响。但尽管如此，随着时间的推移，北京总能够将那些外来文化融入主流文化中去。因此从历史上看，北京具有强大的包容性，并且包容的同时，自身特性始终未丢。但近现代以来，外来文化影响日趋加深，异质要素的表现越来越突出。如何在包容的同时坚守自身文化特性，是当代面临的难题之一。

1. 移植的必然

从特定的历史阶段来看，异质要素移植对于北京是一个必经之路。

（1）**经济驱动** 首先，异质要素在强大的经济驱动力下移植。北京从 20 世纪末至今，一直处于高速发展的阶段。这种发展状态下对经济的追求引导了城市与建筑的发展。无论是大尺度新城结构、单层次城市空间、大体量新型建筑，还是功利性建筑风格的形成，其背后都有强烈的经济价值驱动。

（2）**城市交通驱动** 其次，异质要素随城市交通快速发展而移植。北京在近 20 年逐渐进入汽车时代，机动车数量剧增。根据历年统计数据，北京机动车数量从 1982 年的 13 万辆，增加到了 2000 年的 150.7 万辆，到 2014 年的 559.1 万辆，再到 2016 年的 571.8 万辆，增长高达 44 倍（图 3-33）。尤其 1990—2010 年的 20 年间，汽车数量增长明显加剧、逐年加速。

为了适应越来越多的汽车需求，北京大力发展建设各种级别的城市干道。虽然自 21 世纪以来轨道交通系统也开始加速建设，但北京

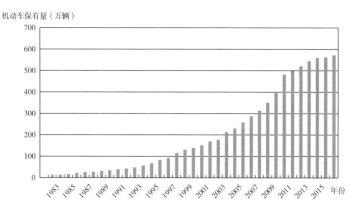

图 3-33 北京机动车发展现状（1982~2016 年）

现阶段仍然是一个以汽车交通为主导、把快速道路网络作为高密度城市开发主要依托的巨型城市。

基于这种发展模式，粗犷的城市肌理、道路割裂的空间形态就成为一种发展必然，虽然其中还存在各种改善的可能性，但若其所依托的汽车模式没有发生质的变化，这种状况就还会继续下去。

（3）文化扩散驱动　最后，异质要素随文化扩散移植。北京作为全国的文化中心，文化扩散的程度较一般地区更强。

第一个影响的是行为模式。改革开放以后，购物、娱乐等消费模式，租房办公、自购商品房住宅等工作和生活模式，导致大型购物中心、超市、电影院、娱乐中心、写字楼、商品住宅、酒店式公寓等多种新建筑类型在北京出现。这些建筑多为大规模、大体量，很快改变了北京的城市面貌。本来，需要在早期、先于建设对这些新建筑进行引导和控制，但在实际发展过程中，相关规划政策和管理等都远远落后于建设速度。这些建筑迅速形成蔓延之势，成了高度肌理无序、旧城肌理破坏这些负面结果的直接推手。

第二个影响是西方建筑体系。相对于中国传统建筑体系，西方建筑体系在适应新功能、集约化生产、节约土地等方面都具明显优越性，因此自近现代以来，成了建筑发展的主导。

2. 整合的原则

为了在异质要素移植的过程中不丢失北京特质，需要对这些异质要素进行整合。有两个原则需要遵循，即整体性原则和重意向、轻形式原则。

（1）**整体性原则**　北京城具有悠久的历史，虽然发展中受到了一定程度的破坏，但仍然特色鲜明。这些特色是基于城市整体性形成的，因此，异质要素的移植要把整体性原则作为前提。

这一原则是借鉴历史遗产保护的整体保护理论确定的。历史遗产保护理论的发展中，存在这样三个阶段。第一阶段为20世纪初—60年代，主要以历史建筑为主要保护对象，依据《威尼斯宪章》，关注历史建筑物保护的原真性和整体性。第二阶段为20世纪60—80年代，强调"以历史地段为保护对象"的保护态度，以1976年联合国教科文组织通过的"内罗毕建议"为主要依据，较前一阶段将保护范围从建筑单体扩大到街区。第三阶段为20世纪80年代以来，提出将城市（城镇）作为保护对象，完善了历史建筑、历史地段、历史城市这样一个多层次的保护体系，通过1987年的《华盛顿宪章》确立了相关保护理念、原则及方法。北京的保护实践，也基本遵循这样三个阶段，但时间上略有拖后。在近些年，以城市为对象的 "整体性" 保护才逐渐被接受和发展，而以往则过于"片段性地"保护某一局部的文物建筑及周围划定的历史地段。如"25片历史文化保护区"规划， 25个分散和独立的区域成了25座文物的扩大品，对城市特质的整体延续起不到关键作用。

异质要素移植和旧城保护在理论上是相通的，旧城保护的实践也是异质要素移植的前车之鉴，因此异质要素移植无论从理论还是实践经验上看，都要把整体性原则视为根本。

提出这一原则，也是为了拓展北京建筑地域性发展的可能性。从历史上看，以往谈到建筑地域特色，多从狭义的建筑层面入手，表现手法贫乏，很长时间以来难以脱离模仿传统建筑形态的怪圈。提出整体性原则，希望以后对建筑地域特色的表现，从只关注建筑自身的狭隘视野转移到促进城市整体特色上，能有更多创新的可能性。

（2）重意向、轻形式原则　从建筑理论上看，无论是芒福德地域主义还是批判的地域主义，都否定对旧形式的简单摹仿。其中，芒福德地域主义强调对旧有历史形式的摒弃，认同具有符合当时当地现实条件和文化背景的发展思路。批判的地域主义理论，反对对地方和乡土建筑的煽情模仿，但并不反对偶尔对地方和乡土要素进行解释，并将其作为一种选择和分离性的手法或片断注入建筑整体⊖。

从现实需求上看，由于生活模式和材料技术的更新，新建筑类型和形式也成为发展必然，因此，通过摹仿旧形式来保持同传统文化关联性的方式，已不能符合发展的需求。

换言之，无论从理论还是现实需求层面上考量，当代社会都不可能再"复制"一个"煽情模仿旧形式"的北京城了，只能在现在和过去之间建立一种潜在的意向联系，从而获得精神层面上文化的延续性。因而，提出异质要素移植的第二个原则：重意向、轻形式。

城市层面：宏观分区和选择性移植

分区选择是北京建筑异质要素移植的第一步。首先进行宏观分区，即根据不同发展背景和需求，将北京划分为不同层级的区域；其次为选择移植，即根据区域特点，判断异质要素可否移植及移植的方式。

1. 宏观分区

同异质要素发生冲突的主要是传统要素，距离具有传统要素特征的区域越近，异质要素的"异质性"越明显，越容易产生冲突；反之，随着距离变远，冲突趋于衰减。因此，可以根据传统要素的显著程度和与之距离的远近，将北京划分为三个区域层级。

⊖ 沈克宁.批判的地域主义 [J].建筑师，2004，（10）：46.

第一个层级是基于旧城城址发展的首都功能核心区，包括东城区和西城区。旧城虽然遭到了一定的破坏，但总体上仍然保持了明清北京城的基本格局，具有很高的历史价值。针对旧城，其实还可以根据历史建筑的价值和街区破坏程度做进一步细分，但遵循整体性原则，不将其分解独立，还是将旧城整体作为一个统一范畴界定，实行统一的策略，以达到整体性保护的目标。

第二个层级是城市功能拓展区，即朝阳、海淀、丰台和石景山四个区。这四个区，除极少部分外，基本上都是在新中国成立以后发展起来的。尤其在近 30 年，五环以内的区域基本上已经全部成为建成区。它们距离旧城最近，同首都功能核心区共同构成主城区，同旧城关系最密切。

第三个层级是新城区和副中心。新城区包括城市发展新区和生态涵养发展区，顺义、大兴、昌平、房山和亦庄开发区是发展新区，门头沟、平谷、怀柔、密云、延庆是生态涵养发展区，通州是城市副中心。这些区域距离最具传统要素特征的旧城区较远，并且有的新区以前并不划归北京管辖。因此，它们同北京旧城的关系最远，异质要素造成的冲突相对不那么明显。但从大的发展趋向上看，随着北京城市整体性的加强，这些区域也需考虑建立同北京的文化关联性。

2. 选择移植

第一层级的旧城区，要遵循整体性和重意向、轻形式的原则。

旧城区的整体性体现在城市平面肌理和高度结构两方面，其中，平面完整性体现在路网的均质上，也体现在虚实空间的层次上；高度完整性则表现为重要建筑高度突出、其他一般建筑平缓舒展作为陪衬的秩序。从整体性原则考虑，对异质要素的选择最为谨慎和严格。

对于大尺度城市干道，应该采取尽量少增加的措施。众所周知，旧城内原有道路路网密，但宽度窄，很多地方由于不能应付过大的交通压力而不断地扩路，严重损害了旧城道路路网的完整性。这种"头疼医头、脚疼医脚"的短视手段只能解决局部路段的交通问题，但无法解决根本问题。若想解决根本问题，需要从宏观规划角度入手，通过对城市功能结构的分散，将人口和职能部门有机疏散到新城区，同时大力发展公共交通体系，从根本上解决交通功能同旧城路网的矛盾。

对于大体量建筑，在旧城区内要严格限制。可以通过规划手段调整用地性质、人口分布、产业布局等内容，将旧城的单中心职能向城外的多中心疏散。如果旧城区内人口数量得到控制，旧城区也不是城市的唯一中心，那么较小体量的建筑物便能够满足使用需求，大体量建筑必然会减少，由此，破坏旧城平面肌理和高度秩序的负面效应就会自然消失。

这里，通过国家大剧院这一实例说明大体量建筑对旧城的破坏力（图 3-34）。国家大剧院位于北京西长安街南侧，人民大会堂西侧，旧城中最核心的区域。它占地面积为 $11.89hm^2$，剧院主体面积为 17.28 万 m^2；1998 年征集方案，2001 年开工，2007 年竣工，由法国巴黎机场公司（Paul Andreu Aeroports de Paris）的建筑师保罗·安德鲁主持设计。

国家大剧院从设计、施工到建成，始终饱受争议。反对者的意见以 49 位院士联名的意见书为代表："这不是学派之争……我们认为这是'内容决定形式'还是'形式决定内容'之争；是建筑需求要讲求功能合理、经济节约（已非一般意义上的节约）还是脱离中国实际、务实中国传统文化之争 ⊖。"认为方案在功能、经济、文化上都没有中国及北京特色。

⊖　王军. 采访本上的城市 [M]. 北京：生活·读书·新知. 三联书店，2008：201.

卫星图（百度地图）

从景山上看国家大剧院和周围环境

图 3-34　国家大剧院

面对质疑，设计者安德鲁说："唯有准备好失去你的文化，唯有松开所有那些捆绑住你，使你觉得安心保险，同时又使你麻醉瘫痪的绳索，你才会发现自己的文化将再次充满新生的活力，像喷发的新泉一样不可抵挡[⊖]"。在这段话里，安德鲁表示了自己对继承传统文化的革新态度，但同时在 2000 年 3 月《中国新闻周刊》对其的采访中，他宣称自己并没有完全抹杀中国传统，还希望 20 年后这个剧院会得到认可，被认为是中国的建筑[⊖]。他引用天圆地方、院落等传统概念，力图解释方案贴近中国传统文化。但是，国家大剧院是否设计得当的关键，到底是文化性还是整体性呢？

如前所述，异质要素移植的首要原则是保持北京旧城结构的整体性，而国家大剧院的巨大体量显然严重破坏了原有的路网结构。在其所处的特殊区域，天安门广场及人民大会堂建筑群是特定历史环境下的产物，并且居于中轴线上的位置为其提供了结构突变的理由。但大剧院不具有这个特定条件，如此巨大的体量突兀地存在于小尺度的旧城结构内，自然会出现不协调的负面效应。

依循整体性的思路，设想将其原封不动地转移到旧城以外的某一处场地，还是否会引起如此强烈的反对呢？以国家体育场（鸟巢）做类比，同样是体量巨大，同样是当代的手法，也同样采用了国家大剧院的红色装饰元素，却没有引发太大的争论。二者获得不同的评判，不是国家体育场的建筑设计优于国家大剧院，而是国家体育场所在的奥林匹克公园尺度同样巨大，建筑同场地是相匹配的（图 3-35）。相比，国家大剧院处于小尺度的旧城区内，那么大的体量，很难不对旧城结

⊖　周庆琳 . 梦想实现——记国家大剧院 [J]. 建筑学报，2008（1）：6.

⊖　王军 . 采访本上的城市 [M]. 北京：生活・读书・新知 . 三联书店，2008：196.

图 3-35　国家体育场卫星图
（百度地图）

构产生破坏，从大局上看，无论建筑单体设计得怎样出色，也难以弥补整体性不当。

异质要素中的异域建筑风格，不适于出现在旧城以内。因为从本质上说，异域建筑风格的背后是西方文化，它不仅同北京的传统文化没有交集，而且同北京建筑的时代性也没有关联，因此，除了满足短暂的猎奇心理，异域建筑风格在北京旧城中没有存在的基础和价值。

而前卫的建筑风格，则因为具有当代建筑的发展意义而具备存在

方家胡同 46 号院入口（百度全景地图）　　　　　尚剧场

图 3-36　北京东城区方家胡同 46 号院内的尚剧场

基础，只要能够满足整体性原则，这种风格的引入是允许的。例如北京东城区方家胡同 46 号院内的尚剧场（图 3-36），这一建筑在形式上也没有做同传统要素呼应的处理，屋面和墙面一体化的处理手法是新审美思维的产物，但它体量小，在平面上没有破坏原有胡同界定的基本空间格局，高度也依循旧城空间尺度，因而，虽然建筑风格同传统迥然，却能够容身于北京旧城区而不显冲突。

又如东城区五道营胡同的 He Kitchen 咖啡厅（图 3-37）。建筑保留了原有局部立面和部分屋面结构，但二层北侧使用钢结构和透明玻璃，新做了部分墙和屋面，围合而成的空间同原有部分连为一体。这个建筑虽然使用了现代材料和非传统的形式语言，但体量、尺度都同所处五道营胡同的原有肌理相协调，坡屋面虽为玻璃屋顶，但意向上同传统坡屋顶具有相通的意趣，符合重意向、轻形式的原则，因此新形式和新空间不但不突兀，反而凸显了新的趣味性。

第二层级的城市功能拓展区，第三层级的新城区和副中心，同样也需要遵循整体性和重意向、轻形式的原则。

如 2008 年奥运场馆的规划和建筑设计，参加竞赛的方案尽管手

从胡同看建筑　　　　　　　　　　从一层室内看胡同

透过大玻璃窗看南侧建筑的屋顶　　　玻璃坡屋顶

图 3-37　He Kitchen 咖啡厅

法和表现形式各不同，但几乎所有方案都强调了对北京城中轴线的尊重与强化。这条中轴线对北京而言，虽已不再承载传统礼教的等级意义，但仍然是表现首都雍容大气、端庄威仪性格的象征要素，因此在新建区域，延续传统城市结构所隐喻的礼仪意义成了建立新旧联系的基础，也成了设计师们的共识。从建成结果来看，这一区域通过中轴线的设置，使诸多新建筑融入了顺应传统城市空间意向的环境中，成了大北京的一部分。

但相比第一层级，异质要素的选择不似旧城区受到的有形限制多。由于距旧城区较远，传统要素特质也随之衰减，异质要素的冲突性也就不那么鲜明和令人不可接受。因此，对于大多数具有适用性的异质要素来说，重点在于增强其意向上的关联性。尤其是第二、三层级中具有特定历史意义的局部地区，更要考虑同所在地区小环境的意向关联。如通州副中心的城市设计引导所提出的"突出运河文化"，就是从考虑地区小环境的角度出发制定的。

建筑层面：布局演化和手法重构

布局演化和手法重构，是在城市宏观层面上提出分区选择应对策略的基础上，在建筑微观层面上提出的异质要素移植策略。

1. 布局演化

布局演化是整合城市结构和空间的常用策略，运用得当，可以减少简单直接空间层次的出现，减少大体量建筑对城市结构和空间的破坏。

如位于北京东城区菖蒲河公园的皇城艺术馆（图 3-38），建筑面积为 3700m²，以带跨院的传统三进合院空间结构为基础进行建筑布局，组成了一个由南侧正门外院、到第二进中厅、再到第三进展厅的空间序列。除了几进院落的布局手法，还采用了立体的布局手法，将一部分展厅布置在地下，通过第二进中厅旁的东跨院，将观众引入下沉庭院，将首层与地下的展示空间联系到一起。这种立体布局的手段有效地减小了建筑的体量感，结合院落式布局，呼应北京传统四合院空间的虚实关系，使新建筑恰当自然地融入了历史环境。

区位图　　　　　　　　　　三维模型图（百度地图）

图 3-38　北京皇城艺术馆

　　对于旧城外的区域，也可以利用建筑布局这一手段调节异质要素的影响，从意向上保持城市整体特色的连续性。望京科技创业园二期（图 3-39）在此方面做了有益的尝试。

总平面图　　　　　　　　　鸟瞰

图 3-39　北京望京科技创业园二期

（图片来源：胡越.几何游戏——北京望京科技园二期设计 [J]. 时代建筑，2005（6）：103.）

望京科技创业园二期的建筑师胡越认为，对于北京这样一个超级大城市，旧有和谐的城市肌理和构架已经被不同程度地破坏，出现了大片空白和破碎的边缘。因此在城市中逐步重建秩序、整理这些空白和边缘区域是大城市建设的当务之急。具体到此建筑中，"建筑师所能做的是建立建筑与地界和街道之间的良好关系，由于北京传统城市网格是矩形结构，所以矩形的占领边界的建筑特别有助于重建北京城市的秩序。在容积率可行的情况下，占边和中空的建筑布局不仅能够建立良好的城市结构，而且有助于恢复中国传统城市的肌理⊖。"可见，建筑师以"城市结构"为着眼点，首先采用了围合式布局建构了类似旧城矩形用地内的基本空间关系；其次通过建筑形式要素——完整统一的矩形体量、保持规律性划分的幕墙表皮，加强了这种严整围合式的结构关系，从意向上达到了同北京旧城结构的相通。

从这个建筑的尝试可以看出，虽然新城区不具有旧城区已形成的城市格局，也不可能再照搬旧城格局，但通过布局、形式等手段构建一种新的"类旧城结构"，从而在意向上取得同旧城结构一致性的方式是可行的。

此外，前面所提到的三里屯太古里南区，也是通过"化整为零"布局手段建立同旧城意向关联的例子。用地内规划了多条道路同城市道路相联通，其中东西向街道间距约 30m，南北向街道间距最大约 67m，同北京自元大都沿用至明清、以 44 步规划网格（合67.76m×67.76m）宏观控制整个城市的街坊肌理⊖相一致，保持了北

⊖　胡越. 几何游戏——北京望京科技园二期设计 [J]. 时代建筑，2005（6）：103.

⊖　李菁，王贵祥. 清代北京城内的胡同与合院式住宅——对《加摹乾隆京城全图》中"六排三"与"八排十"的研究 [J]. 世界建筑导报，2006，（7）：6.

京传统平面肌理连贯性；18m 的建筑高度，也同邻近的 6 层住宅高度相当，保持了高度肌理连贯性。可以说，通过同北京旧城相似的空间结构和尺度，在意象上建立起了新旧之间的联系，因而令使用者感受到类似传统北京街区带来的温情和亲近。

2. 手法重构

重构（Reconstruction），常指打乱原有元素的构成规律和逻辑、建立新的组织方式。强调原有组成元素的"不变"和组织方式的"变"。

充分利用异质要素，将其作为一种手段传达传统文化信息，也能建立起新旧意向关联。如挖掘前卫建筑风格背后的审美观，将其非总体、非逻辑、非线性等以体验为主的审美思维同传统要素结合，也能够使建筑暗含同北京地域传统的潜在关联。

朝阳区有璟阁餐厅就是一个典型案例（图 3-40）。有璟阁餐厅的室内设置了一套从江西景德镇"移植"到北京的、具有 220 年历史的安徽古宅主体，在古建筑外面，则是玻璃和钢筋混凝土构成的现代建筑表皮。这样的处理使古建筑的身份从原本的"建筑"转换为"家具"，被包容在新建筑之中。

从建筑手法上看，这种处理方式已经完全脱离了古建筑"简单复原"的手法，也脱离了如何使新旧建筑协调的思维方式，采用的是"转换、包容、并置"的手法，赋予古建筑以"软装饰"身份，使其转换为装饰元素存在于建筑之中。

从当代审美上看，这是一种典型的非理性思维方式作用的结果：古建筑作为家具融于新建筑空间内，二者之间不具有时间发展上的逻辑性和秩序性，"新"和"旧"两种异质要素并置和混合，形成了片断性的、反常规的、略显荒诞怪异的空间氛围。但正是这种非理性、

外观　　　　　　　　　　　　　　　　　　　　　入口门厅

分隔新旧区域的铜帘　　　　　　　　　　　　　　天窗

图 3-40　北京有璟阁餐厅

（图片来源：外观：http://www.cngogou.com/Img/UploadFiles_7514/200906/20090612140934699.jpg
入口门厅：http://www.cngogou.com/Img/UploadFiles_7514/200906/20090612140937272.jpg
分隔新旧区域的铜帘：http://www.cngogou.com/Img/UploadFiles_7514/200906/20090612140938196.
jpg）

反常规的氛围，在满足当代审美需求的同时，又以片断的物化形式表现了传统建筑文化。这种貌似"怪异"的组合将异质要素和传统要素从冲突对立的关系转为包容互补的关系，通过思维的转换达到了双赢的效果，值得深思。

在有璟阁里，还有对传统构件瓦片、垂帘元素的重新演绎。瓦片用作吧台底部的装饰元素，位于古建筑空间区和外延新空间区之间。层叠的瓦片被玻璃墙塑形从而砌成围合状，包围住酒吧操作间，灯光自上而下打在瓦片上，突出了镂空的视觉效果，它是对古建筑中元素缺省的一种补充，也是对空间延续的一个交代。另外，新旧建筑中间有一面划分空间的铜制垂帘，回字形铜板是由古代铜钱的平面造型演变而来的，上下串起，组成铜帘。设计师说，铜帘最初的设计长度是相同的，但在施工进行中，捕捉到了瞬间的美感，发现不规则的长度更有灵气和动感，于是马上停工，把瞬间的感觉保留了下来，形成现在有长度变化的铜帘。

类似的例子还有北京瑜舍酒店（图3-41）。室内中庭的金属帷幔、大堂内以中药柜抽屉为原型设计的家具、休息厅中青花碎瓷片编织的雕塑、羽毛制作的简约艺术品、主入口嵌入玻璃幕墙的传统样式木门等，都是通过重组、矛盾、解构、随机等手法，将传统要素转化、重构而成的。最终所形成的空间场景中，异质要素和传统要素有机交融，难分彼此，使观者获得多元文化背景下多元情感交织的审美体验。

再看2015年新故宫博物院北院区的5个设计方案（图3-42）。在色彩运用上，5个方案全都使用了红色，用于墙、柱等部位。4个方案还使用了金色，全部用于屋面部分。在屋面形式上，3个方案采用了坡屋面形式，分别为倒锥形态（1号方案）、单曲坡面组合（2号方案）、正坡镂空木架构坡面形态（3号方案）。这些坡屋面的具体形态，已完全不同于传统样式，是在传统原型基础上变形、重构而成的。但由于具有同原型之间的相关性，因而可以在意象上唤起对传统的联想。这种设计趋向，说明了建筑师对于建立新旧建筑之间意向关联这一原则的认可，也说明了通过重新组织色彩、重构屋面形态等手法创建意向关联，不失为一种接受度较高的设计方法。

中庭的金属帷幔

大堂内家具

入口大门

瓷片艺术品

图 3-41　北京瑜舍酒店室内

1号方案

2号方案

3号方案

4号方案

5号方案

图 3-42　故宫博物院北院区 1~5 号方案

（图片来源：http://archcy.com/focus/daily_focus/gugong）

第四篇

普适要素的发展与叠印

壹

从
无
关
到
发
展

『古　代：鲜有影响』
『近现代：逐渐接受』
『当　代：追随发展』

　　普适要素是随着全球化进程而发展的要素，它们对于世界不同的地域来说，具有普遍的意义。在古代，普适要素尚未形成，因此对北京鲜有影响。在近现代，普适要素逐步成型，并被北京所接受。在当代，普适要素的影响力越来越大，北京走在了追随全球发展的道路上。

古代：鲜有影响

　　古代时期，由于对物质世界认识和科学技术水平的限制，少有全球性的交流活动，交流局限于少数国家之间，因此也很难形成适用于各地的普适要素。到了古代后期，北京开始受到西方科学技术的影响，但由于自身建筑体系的成熟与完整，西方科学技术对建筑未产生大的影响。

近现代：逐渐接受

近现代早期西方传来的新建筑功能和建筑技术，因为同传统差别非常大，所以更多的是作为异质要素而存在的。但很快，新建筑功能和建筑技术的应用范围逐渐变大，传统木构架建筑体系逐渐被西方建筑体系所取代，功能和技术从开始的"异质要素"转变为被普遍接受的"普适要素"。

正是从这一时期开始，建筑功能和技术成为影响北京建筑发展的重要因素，但这一时期，它们同传统要素是各自发展的两条线索，有部分交织，但没有发生明显的冲突。

当代：追随发展

在当代经济发展和文化交流丰富的社会背景下，普适要素对北京建筑发展的影响越发明显。

如功能要素，由于北京对西方生活模式的认知和接受程度越来越高，同时，跨国企业的商业运作将更多建筑类型传入北京，功能越发通用化。典型的如超市这一建筑类型，即便所处地域不同，功能布局都似曾相识，没有大的差异。又如技术的发展和广泛运用。随着信息、经济、设计和施工水平的发展，北京在材料、结构等技术方面，已经能够追随全球发展的脚步。但追随的同时，也有盲目跟风和滥用的情况，有些材料或技术并不完全适合北京的自然、经济、资源等背景条件，只是为了追求时髦而被选用。

贰

普适要素的特征

『功能与空间：定型与趋同』
『技术与形式：通用与雷同』

在当代，普适要素是深刻影响北京建筑发展的重要因素，主要表现为具有普遍适应性的功能要素和技术要素。普适要素的发展是时代进步的趋势使然，而且随着时间进展，还会不断地推陈出新。

功能与空间：定型与趋同

1. 功能格局定型

功能格局是当代普适要素的组成之一，它具有全球趋于统一、在各地域都能够普遍适用的特点。

普适功能格局在北京发展有以下两个主要原因：其一是外因，经济全球化导致的跨国企业建筑大量衍生，跨国企业建筑作为功能格局的载体在客观上迅速推动了其传播和接受。这些跨国企业建筑，往往具有同一财团投资建设或管理的背景，进而导致了建设标准和管理模式全球统一，而型制化的功能格局恰好可以满足相同的需求、传达相同的企业文化，由此发展成为全球通用的统一模式；其二是内因，对西方生活方式的认同导致与此相对应的功能格局被传播和接受，尤其是近些年，北京作为一个国际化大都市，人们对西方生活方式的认同度高，使这类建筑迅速发展。

超市是典型的具有定型化功能格局的建筑类型。虽然个体规模可能存在不同，但由于经营范围和管理方式类似，因而功能组成、流线设置、设施布局基本相同（图 4-1）。

近年来，迅速扩张的经济型连锁酒店也具有功能格局定型化的特点。它们基本由标准化的住宿空间和规模较小的门厅接待空间组成，

图 4-1　中型超市典型平面：北京华联超市万柳店

基本不设娱乐和会议空间，餐饮空间也较少配置。这种定型化的功能格局，降低了开业和经营成本、提高了管理效率，恰好满足了国内大量发展起来的中低端商旅需求，因而迅速发展起来。如美国速8酒店（Super 8）2004年进入中国，截至2012年1月，8年时间在中国100多座城市里已开业或即将开业500多家，其中159家在北京，约占总数的30%。

商场的功能格局也趋于定型化。传统百货商场（Department），往往采用集中布局的卖场方式，同一种类商品通常布局在同一层内，在统一的空间内划分各品牌的展示售卖空间。近20余年新兴的购物中心（Shopping Mall）的业态布局和组织模式则有所不同。应对餐饮娱乐一体化、体验化等新的消费需求，新的购物中心内增加了餐饮、娱乐、工坊等店铺的比重，并且常采用多种业态混杂的布局方式，以提高商场的活力。在这种背景下，独立店铺成了空间组织的基本单元，再通过中庭和街道等公共空间，将它们组合成整体。这样，就逐渐形成了中庭式、街道式、街与中庭结合式这三种定型化的功能布局模式（图4-2~图4-4）。

快餐和咖啡店也是功能格局趋于定型化的建筑类型。麦当劳（美国）、肯德基（美国）、吉野家（日本）、星巴克（美国）、Costa（英国）、Maan漫咖啡（韩国）等国外品牌进入中国后大量开店，它们采用统一标准的经营模式和品牌形象设计，在功能构成和组织方式上全球基本相同。受到这些外国品牌影响，很多中式快餐店也改变了传统经营模式和管理模式，开始采用明厨操作、集中点餐、自助取餐的方式，功能格局同"洋快餐"趋于相同。咖啡店由于本身就是舶来品，所以功能格局几乎都是照搬国外。

还有集合住宅建筑，首先是居住文化发生了改变，从传统的几代

图 4-2　北京来福士广场平面示意图：中庭式
功能格局

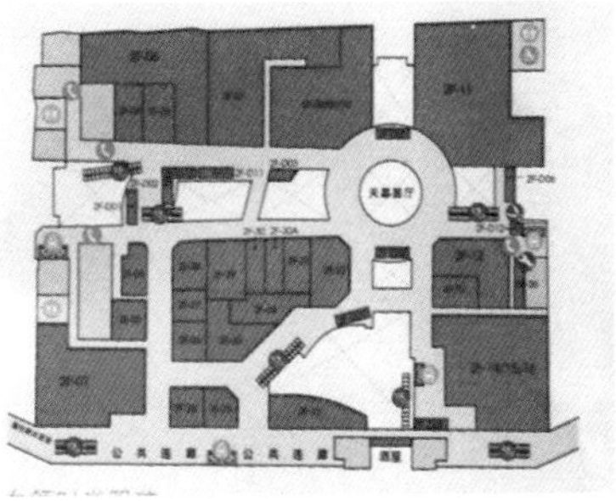

图 4-3　北京西单大悦城购物中心平面示
意图：街与中庭结合式功能格局

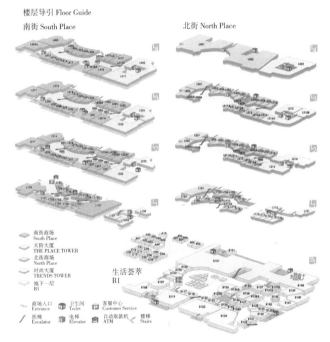

图 4-4　北京世贸
天阶购物中心平
面示意图：街道
式功能格局

同堂变为以独立小家庭为基本居住单元；其次是用地条件发生了变化，
从低密度变为高容积率；最后是生活习惯发生了变化，对家庭活动、
卫生间的需求增多了。因此，以开放式的起居室为中心，周围布置卧室、
厨房、卫生间、书房等其他功能房间的空间模式成了被广泛接受的定

型化模式。

类似的还有写字楼和医院。写字楼办公模式趋同，导致大开间、开放式的办公空间功能格局趋同；医院就医模式趋同，导致候诊、就诊、检查、住院等大的功能格局趋同。

2. 空间形态趋同

普适的功能格局，带来了空间形态趋同的结果（表 4-1）。

表 4-1　各地域同类建筑空间形态对比

同类建筑	北京	其他地域
超市	北京百安居 	英国百安居 
经济连锁酒店	北京如家木樨园店 	青岛如家啤酒街店 
中庭式购物中心	北京西直门嘉茂购物中心 	英国 White City 购物中心 

（续）

同类建筑	北京	其他地域
街道式购物中心	北京望京嘉茂购物中心 	英国 Blue Water 购物中心
街与中庭结合式 购物中心	北京东方广场 	日本东京表参道山购物中心

　　超市建筑如百安居建材超市（B&Q），空间格局为统一模式，功能组成、区域划分、流线设置、设施配置上趋于相同，因此即便在不同国家，内部空间形态也没什么大的区别。

　　经济型连锁酒店的空间格局和装修风格，大都为定型化设计，不强调地域特色。

　　具有定型化功能格局的购物中心也容易形成雷同的内部空间形态。如北京西直门嘉茂购物中心和英国 White City 购物中心，采用的都是中庭式功能格局，表现出以中央通高空间为核心的空间形态；北京望京嘉茂购物中心和英国 Blue Water 购物中心，采用街道式功能格局，呈现出的线性空间形态几乎相同；北京东方广场和日本东京表参道山购物中心，都采用了街与中庭结合式功能格局，所呈现出的以中庭为核心、线性空间伴随的空间形态也很相似。

快餐和咖啡店、集合住宅、办公这些建筑类型，也存在空间形态趋同的现象。

技术与形式：通用与雷同

1. 技术手段通用

建筑技术涉及材料技术、结构技术、节能技术、施工技术及相应的评估体系等。其中对建筑发展影响力最大的，是材料技术及结构技术。

（1）**材料技术** 在当代，越来越多的建筑师认识到了材料给建筑设计带来的巨大变革。无论是新型建筑材料还是传统建筑材料，利用恰当都可以为建筑空间及形式创新提供更多的可能。

在当代北京，广泛应用的承重材料有混凝土、钢、砖等；围护材料有空心砖、砌块、玻璃等；装饰材料种类繁多，使用较普遍的有涂料、面砖、清水混凝土、装饰混凝土、木材、木制板材、天然石材、石材幕墙、玻璃、玻璃类幕墙、金属类板材、金属墙面屋面应用系统、透明塑料、薄膜和膜材等。其中有一些材料，如石材幕墙、玻璃类幕墙、金属类板材、金属屋面、透明塑料及膜材等，是1978年改革开放以后才开始普遍使用的。

材料的运用，离不开相应的材料加工、构造和施工技术。例如，明框玻璃幕墙、隐框玻璃幕墙、全玻玻璃幕墙、点支式玻璃幕墙、双层玻璃幕墙等相应技术体系的发展和更新，支持了玻璃材质丰富的表现（图4-5）。同样，模板施工技术的发展，增强了清水混凝土的材料表现（图4-6）。透明塑料、膜等材料的应用，也都是在加工、构造、施工技术的支撑下实现的。

骏豪·中央公园广场　　　　光华路 SOHO　　　　　　北京康莱德酒店

凤凰国际传媒中心　　　　　侨福芳草地购物中心

太古里北区

图 4-5　玻璃幕墙的各种表现形式

入口   墙面细部

图 4-6　清水混凝土的材质表现——中间剧场

（2）**结构技术**　另一个影响北京建筑发展的是结构技术。回顾历史，近代时期是北京建筑技术受纳的一个飞跃阶段，此阶段从传统的木结构体系向现代结构体系发生了转变。进入当代，随着结构、材料、计算等领域的协同发展，很多满足现代建筑要求的新结构技术在北京得到广泛应用。

在以材料划分的结构技术中，砖石结构和钢筋混凝土结构属于应用较早的技术，钢结构为较新的结构技术。

在以建筑层数划分的结构技术中，相对于单层、多层结构而言，高层、超高层结构属于较新的结构形式。

在以施工方法划分的结构技术中，整体式、装配式、装配整体式结构都应用较早。

在以结构体系划分的结构技术中，混合、框架、框架 - 剪力墙结构应用较早，筒体结构是随着高层和超高层建筑类型发展而被应用的较新技术。

在以结构选型划分的结构技术中，杆系平面结构最早被应用，曲线和曲面结构、空间结构、气膜结构和大跨结构在北京属于现代甚至当代以后才被广泛应用的较新的结构技术。

当代先进结构技术的共同特点是，满足对结构高度、跨度的更大要求，具有较强的对复杂形体的适应性。

2. 建筑形式雷同

建筑技术作为形式生成的手段，具有双重作用：一方面，它促进了建筑形式的发展，提供了更多形式生成的可能性；另一方面，它也容易导致建筑形式的雷同。

如玻璃幕墙就是一把双刃剑，它在提供了更丰富的形态生成可能性的同时，也促成了一大批表皮肌理雷同的建筑产生。以东二环沿线的高层建筑群（图 4-7）和 CBD 高层建筑群（图 4-8、图 4-9）为例，虽然建筑在形体关系及细部处理上也试图表现各自的特点，但材料的相似令建筑之间的区别度不大。

图 4-7 东二环沿线高层建筑群   图 4-8 CBD 高层建筑群

技术通用导致的建筑形式雷同，可进而导致城市整体意向无特色。如北京很多区域都建有大量高层集合住宅，建筑材料、结构的一致性，再加上行列式布局空间组织的一致性，令城市特性不明显。

图 4-9　CBD 建筑群鸟瞰

『叠　　印：适用与拓展』
『纵向生长：演　化　应　用』
『横向复合：融　合　渗　透』

叁

普适要素的叠印

　　叠印，在电影学上被解释为：将两个或两个以上内容不同的画面重叠印在一起，用于表现剧中人的回忆、幻想，或构成并列形象，激起观众的思索和联想。

　　用于建筑学中，是指将具有普遍性的普适要素同具有特殊性的北京地域特点相重叠，通过结合交错的过程促使普适要素同北京地域产生必要的关联，获得普遍性和特殊性的平衡。

叠印：适用与拓展

1. 叠印的需求

自近现代以来，北京逐步接受了西方建筑体系，从功能体系到技术体系，都替代了传统木构建筑体系中相应的部分。发展至今，如英国建筑理论评论家彼得·柯林斯（Peter Collins）所说："没有任何形式或材料是仅限于它们最流行的时期和空间以内的 ⊖"。当代建筑功能和技术已经无法再区分外来还是本土的了，随着时代发展，全球化为它们的传播提供了最大的可能，它们越来越成了全球通用的要素。

这些能够通用的要素，之所以能够被广泛接受，是因为它们具有优越性。对于普适的功能空间而言，定型化的功能格局能够适应当代社会集约化生产的需求，能够迅速并高效地满足各地区同类建筑的设计、建造和使用。对于技术而言，材料和结构技术为建筑提供了更多、更高效的建成手段，也为各种建筑形式的创造提供了更多的可能。

普适要素具有普遍适用性，但这种"普遍"具有相对意义。从哲学上看，极端普遍主义和极端特殊主义各有弊端。极端普遍主义易等同于绝对主义，过分强调世界本质和法则的同一而忽视情势性要素，在解决具体问题时经常显露出空洞和苍白；而极端特殊主义则极易流于相对主义，虽然能够揭示世界内在复杂、多变和矛盾的种种特性，但失去了真正深入沟通和追求共同利益的可能性 ⊜。因此从哲理上看，万物都是普遍性和特殊性的统一，普适要素和地域特性的叠印是普遍

⊖ 侯幼彬. 文化碰撞与"中西建筑交融" [J]. 华中建筑，1988（3）：9.

⊜ 时殷弘. 普遍主义、特殊主义和综合的中间立场——关于全球性挑战的一种论析 [J]. 当代世界与社会主义，2009（4）：77.

性和特殊性的一种平衡。这种平衡，一方面是增加功能和技术要素的地域适应性，另一方面是从文化角度增加人文个性。

2. 叠印的原则

普适要素同地域特性的叠印，要考虑地域的社会背景、发展特点、文化基础等诸多因素，有以下两个基本原则：物质层面的适用原则，文化层面的拓展原则。

（1）**物质层面的适用原则**　功能和技术在全球化发展的今天的确有很强的普适性，但各地域的气候、资源等自然条件，经济、文化等社会条件对建筑的影响不能忽视。普适要素如何落地、是否需要做出适当调整，首先要以物质层面上是否适用为原则进行判断。

如功能要素的应用，要着重考虑所在地域人们的生活方式及心理需求等因素。虽然很多地区，包括北京都深受西方文化的影响，但由于内在文化根基的不同，生活方式和心理需求仍然存在着很多难以改变的差异，因此不能完全照搬普适性的功能格局，需要根据差异做出适合地域特点的调整。

技术要素的应用也同样如此。虽然全球化使技术传播和接受的可能性大大增加，但各地域自然条件和社会条件的差异都对技术应用起着或多或少的制约作用。要根据各地域条件、发展趋向等因素，对技术做相应的调整。因地制宜、适应当地自然和社会条件，降低技术成本、维护生态环境，走技术本土化的理念是发展趋势。

（2）**文化层面的拓展原则**　功能和技术发展的重心，常常是使用价值和经济价值。对功能和技术物质层面的关注往往绝对性地压倒了对人文层面的关注，因此功能和技术应用同地域文化的脱节现象很普遍。为了弥补这种不足，普适要素发展在适用原则外，还宜依循文化层面的拓展原则。

这一原则着重于同精神层面关联。对北京而言，传统要素因为在形成中受到了持久的文化浸染，精神内涵丰富，因此可以为功能和技术的人文拓展提供依据。

纵向生长：演化应用

借用生物学中生长的概念看待普适要素的发展。生长，包含成长（growth）、分化（differentiation）、发育（development）等几个过程。其中成长是量变，分化是质变，是从一种同质的细胞类型转变为形态结构和功能与原来不相同的异质细胞类型的过程。普适要素的发展，也符合生长的规律，会由于地域环境的变化，发生不同于原型的质变。

1. 功能要素的本土演化

随文化扩散传入北京的功能要素中，有些相对于传统是全新的，如超市、购物中心、写字楼等建筑的功能空间。在过去的传统生活中，没有类似功能的建筑，因此也就没有特定的空间模式形成。新事物随着时代发展自然融入，反而不容易引发冲突。

而住宅、餐厅这些建筑类型，中西方都各有各的传统，无论是使用者的行为方式，还是心理需求、使用需求，二者都存在差异。对待这些建筑类型的功能要素，就不能全盘接纳，要依据地域特点进行本土演化。

以住宅中的别墅为例。北京的别墅大都是以国外别墅作为样本进行建造的，依托的原型以北美郊区住宅为主。这类别墅多为建筑居中的院落开放式布局，院子不设或只设低矮的围栏。这种布局，更多地反映了西方文化范式、生活方式和商业模式。虽然这类别墅在北京也有大量市场，但随着近些年文化觉醒和乡愁回归，地产界和设计领域都开始反思，是否应该依据中国自身的文化根基对这些功能空间进行演化？

受传统文化影响，大多数中国人还保有私密性的心理需求，更喜欢家庭内部的生活，社交生活也更愿意在一定范围内进行。这种文化差异性是别墅功能本土演化的内因和动力。演化的重点不在别墅的室内空间组成，因为传统生活模式也是依托起居室、卧室、厨房、卫生间等空间形成的，现在与过去没有根本的冲突。演化的重点在于院落组织，内向性的空间是中国建筑文化区别于西方的重点。

位于北京望京的慧谷根园（图 4-10），是一个较早地依托传统文化组织院落空间的联排别墅案例。它占地面积 $7.5hm^2$，总建筑面积为 5.6 万 m^2，同当时其他大多数联排别墅最大的区别，就是设计了封闭式的院落。除其中三户设计为内向围合式院落以外，绝大多数别墅都有一个南向院落，围墙高约 $2m$，除了挡风、适应北京的气候环境，更主要的是遮挡视线，营造内向性的院落空间，符合中国传统文化造就的心理需求。

封闭式室外院落

剖面示意图

图 4-10　北京慧谷根园

（图片来源：薛向阳. 抽象远去的家园——北京慧谷根园与中国传统建筑文化的发扬[J]. 世界建筑，2002（10）：33.）

院墙外

230

类似的例子还有 2015 年建成的泰禾北京院子（图 4-11），也是将源于西方别墅的功能模式进行了本土演化。通过设置封闭私密的院落空间，使西方居住模式更加适应本土使用者的生活方式和心理需求。

除了住宅建筑类型，快餐厅功能格局也应结合中餐特点进行演化。西方快餐制作油烟少，因此多采用开放式厨房；食品种类少、加工方法简单，因此可以实行标准化流程式生产方式（图 4-12）。而中餐的烹饪方式很难避免油烟产生，且噪声大，因此加工间多改为封闭式；同时中餐种类多，加工方法复杂多样、耗时，导致无法采用即点即取的点餐方式，因而点餐和取餐空间的位置、流线、面积等要素都需调整（图 4-13）。

主入口

内庭院

图 4-11　泰禾北京院子

（图片来源：泰禾北京院子·千万级别墅的新中式情怀．网易房产．http://bj.house.163.com/16/0114/16/BDA8GF7V00073V17.html ）

图 4-12　肯德基快餐厅　　　　　　图 4-13　南粥北面快餐厅

又如医院建筑，由于国内外医疗体系、社会经济、人口总量等众多因素的不同，导致了医院功能格局有本土化演变的必要。如北京三甲医院的服务人群总量，就同国外同类医院有很大的区别。首先，中国医疗水平分布不均，北京具有最好的医疗资源，因而吸引了全国的就诊人群；其次，北京还无法实行国外较常用的分级诊疗、预约就诊的就医制度，因而导致日常就诊人数巨大；最后，在费用结算上，许多国外医院采取就医后邮寄支票结算费用的方式，因此患者就诊后不必在医院停留。这些不同，需要北京的医院空间布局相应有所不同。在基本功能格局相近的基础上，停车、候诊、就诊、收费等空间的尺度、形态等，都需要依据北京的特点来确定。

因此，功能要素的本土演化要同地域特点结合起来，具体的经济背景、制度背景、文化背景等都是需要考虑的因素。

2. 技术要素的本土应用

技术要素的本土应用，要着重考虑当地的经济水平、资源条件、气候条件。

考虑经济要素，应该从降低技术成本的角度入手对技术因素进行演化。技术地方化的措施是以往常常提到的一种有效方式。具体来说，可以采用材料生产地方化措施，以降低生产成本和运输成本；可以采用技术加工地方化措施，利用本地加工的产品，或本地施工单位，来降低生产成本。但经济全球化的背景下，由于分工细化和集聚性效益，"本地"的材料和加工服务费或许还高于其他地区，所以"技术地方化"这一措施是因时制宜的。

从资源条件来看，北京不是资源丰富的地区，水资源尤为缺乏。人均拥有水资源年占有量不足 300m³，仅是全国人均水资源拥有量的

1/8，是世界人均拥有量的1/30，属于严重缺水的城市。北京还是电资源缺乏的城市，70%以上的电力资源都要靠外省市输送。而这两种资源都和建筑密切相关。此外，北京还是环境污染较严重的城市，空气污染首当其冲，SO_2、CO、NO_2和可吸入颗粒物指标经常超过健康指标。水污染、固体废弃物（垃圾）污染、噪声污染的情况也不容乐观。因此，如果能够按照"少费而多用"原则，即通过恰当应用技术要素，对有限的物质资源进行最充分和最合适的设计与利用，节约资源、保护生态环境，那么技术要素就成功地实现了本土化应用。

在这方面，北京有一些建筑进行了相关探索。如中意合作的生态示范性建筑——清华大学环境能源楼（SIEEB）（图4-14），建筑由意大利建筑师马利奥·古奇内拉设计，以低能耗作为外维护结构选用的标准，东西两侧为双层幕墙，外侧一面为丝网印刷玻璃，内层中部为透明玻璃，上下为实心坎墙；北侧为单层幕墙，开启窗为透明玻璃，窗框外侧有固定的穿孔铝板；南向凹进部分也为双层幕墙，其中外侧幕墙由部分可调节角度的玻璃百叶构成，内层为高热工性能的LOW-E玻璃。

外观

南侧退台

图4-14　清华大学环境能源楼

在这座建筑中，建筑形式不是基于审美需求，而是基于调节气温、日照，以及抵御寒风等热工要求生成的。此外，建筑南侧退台部分的出挑构件也不是装饰物，而是遮阳系统的组成部分，其面层还覆盖有太阳能 PV 板，同配套设备组合成太阳能发电系统。虽然这组太阳能板并没有成为大楼主要的电量来源，而只是用以展示，但它们同上述的幕墙体系一样，是出于节约能源、保护生态环境的目的而生成的。此建筑于 2007 建成投入使用。经初步估算，建筑每年可减少 CO_2 排放 1220t，减排 NO_2 5178 kg/ 年，减排 NO_x 2900kg/ 年，减排烟尘 2079kg/ 年 [一]。

对于气候条件而言，北京是典型的暖温带半湿润大陆性季风气候，夏季炎热多雨，冬季寒冷干燥，春、秋短促。技术要素能够应对这样的气候条件，才能达到真正适用的目标。

以玻璃幕墙的应用为例。一些建筑不考虑朝向所带来的日照和风向等问题，仅从形式出发应用玻璃幕墙。如 2002 年建成的北京工业大学逸夫图书馆（图 4-15），在建筑中心设计了一个半球形中庭，覆有玻璃屋面。当时北京的节能规范《公共建筑节能设计标准》（DBJ 01—621—2005）对玻璃幕墙的使用提出了明确的规定，其中建筑物各朝向的窗墙面积比均不应大于 0.7，甲类建筑屋顶透明部分的面积小于总屋顶面积的 20%。虽然满足规范，但在实际使用中，该建筑却出现了无法适应北京夏热冬冷气候特点的问题。夏季，强烈的太阳辐射导致室内温度过高，采用中央空调制冷也无法达到舒适温度，因此定制了特殊的电动遮光帘。由于球面的不规则尺寸，遮光帘需要特殊定制，

───────────

㊀　张通 . 清华大学环境能源楼——中意合作的生态示范性建筑 [J]. 建筑学报，2008（2）：37.

鸟瞰

中庭

图 4-15　北京工业大学图书馆

花费了 30 余万元。但即便如此，还是没有解决这一"热污染"问题。每逢夏季，原本设在中庭内的借还书服务台都会移到北侧入口的门厅内，过了夏季炎热期再重新搬回。这个案例说明，技术要素在应用时不考虑当地气候条件就会造成使用上的不便，也会造成相应的经济损失。这一建筑已于 2016 年开始进行改扩建，球形中庭已经被拆除。

横向复合：融合渗透

复合表示两种或多种不同属性事物的结合。从系统论的角度看复合，组成整体的各部分要素既不是孤立存在，又不是机械组合或简单叠加，而是各要素在整体系统中相互关联，具有联动性。若将某要素剥离于整体之外，它在整体中所表达的特征和意义也将随之消失或改变。

横向复合策略是基于系统论提出的，强调的是功能要素或技术要素与传统要素的融合和渗透，而不是简单叠加或机械组合。这意味着，无论是功能要素、技术要素，还是传统要素，在复合过程中，某些原始形态、结构或特征都可能会发生改变，但其最核心的内涵或最具优越性的特征会在复合过程中得以坚持和强化。

1. 功能要素与传统要素复合

功能要素与传统要素复合，可以基于当代普适的基本空间格局，融入传统要素所蕴含的文化内涵，从而将北京的人文特点同当代的功能需求叠印到一起。

北京 SOHO 现代城（图 4-16）在此方面做了尝试。SOHO 现代城位于北京朝阳区建国路南侧，是一个兼有住宅和办公功能的大型建筑。与一般高层建筑有所不同的是，现代城每隔四层设计了一个面积约 500m^2 的空中庭院，以此空中庭院为核心，每四层形成一个相对独立的组群。一方面引入了自然开敞空间，解决了高层建筑内人与自然隔绝的通病；另一方面通过空间的围合感，营造了类似传统四合院的

外观　　　　　　　　　　　　　　　　　空中庭院

图 4-16　北京 SOHO 现代城

[图片来源：空中庭院：SOHO 现代城 [J]. 建筑创作，2002（增刊）：69]

空间内向性和私密性，提供了营造亲密邻里关系的场所。

美国建筑师史蒂芬·霍尔（Steven Holl）设计的北京当代
MOMA（图 4-17）也做了类似尝试。北京当代 MOMA 是一组高层公
寓建筑，共 8 栋，位于北京东二环东直门外，于 2005 年年底公布设
计概念方案，2008 年竣工。

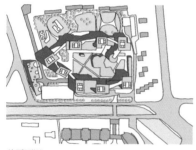
总平面图

从西侧看

从内院看

局部

连廊室内：展览

连廊室内：茶室

图 4-17　北京当代 MOMA

这组高层建筑的特别之处在于，8 栋建筑在 16~18 层的高空以空中廊道连接，形成了一个立体的建筑群体空间。从建筑师表达设计概念的草图中可以体会到，此设计对于北京传统邻里间相互交往的生活状态有所考量。连廊承载了茶室、书吧、展览厅、游泳池和健身等公共活动的功能，这些空间在高层建筑相对封闭的居住环境中，是具有开放性、有利于拉近人们距离的公共空间；但相对于外部城市空间，是为建筑内使用者服务的、具有一定私密性的内部空间。这中间层级的空间特性，正是胡同的内涵。因此，尽管连廊在形态上同传统胡同有着根本不同，但二者基本精神属性的相通使其成了隐喻和实现北京传统生活模式的载体。

2. 技术要素与传统要素复合

技术要素与传统要素的复合，关键在于建立起技术要素同北京地域文化的关联性。

长城脚下的公社的家具屋（Furniture House）（图 4-18）是一套 $333m^2$ 的别墅，由日本建筑师坂茂设计。它位于北京六环以外的昌平区，具有相对宽松的场地设计条件。建筑第一个特点是采用了以"竹"为基本材料、层压板技术制作的模块式家具体系。建筑师受常用的竹制合板启发，将竹子劈开，编成席子，再压叠成合板制成竹胶合板（LVL），将其作为家具系统的基本材料，进而将这个组合式建材与隔热家具作为主要结构体与建筑外墙系统。这一体系的优点是运用了传统材料，但通过特殊的工艺，使其达到了更好的强度和坚韧度，保温和隔声性能也都非常出色。

除了材料技术上的特点，建筑围合式的平面布局也是其最具特色的地方。设计师引用了中国传统四合院建筑的概念，围绕中心院落布

外观

庭院

从室内看庭院

走廊

图 4-18　家具屋

（图片来源：http://gal.zhulong.com/proj/photo_view.asp?id=142&s=15&c=201008）

置房间。进入其中，宁静的内庭院引入天空、风和植物，人与自然相和谐的意境油然而生，秉承了四合院的自然和内向意义，达到了"让设计得以适当地反映该地文化及实质面向的涵构"的目的。

可以说，家具屋很好地将技术要素同传统要素叠印在了一起。从技术角度看，创新性地探索了新材料结构体系的使用；从人文角度看，四合院内涵深深地融入了现代的形式和材料中。

在技术要素同传统要素的叠印中，传统图案纹样也常常作为传统意境的载体，被引入现代建筑之中。如三里屯太古里南区部分建筑（图4-19），用新材料演绎了传统纹样。建筑其一的外立面为单层金属镜面不锈钢，建筑其二则采用双层表皮处理，外侧采用黑灰色铸铁材质，内层使用金色镜面不锈钢，在平面纹样的基础上，又多了一层立体光影效果。通过装饰和色彩的隐喻，形成了既现代又具有联想空间的视觉效果。

　　类似的例子还有首都博物馆的材料及细部处理（图4-20）。东区展厅的室内墙面、入口处的门和玻璃上，分别使用了青铜板、云雷纹装饰图案，传递了北京传统建筑的历史信息。

金属镜面不锈钢表皮　　　　　双层表皮

图4-19　北京太古里南区建筑外立面

东区展厅　　　　　　　　　　　入口门　　　　　入口处玻璃窗

图4-20　首都博物馆细部

还有国家大剧院，虽然从宏观角度看，建筑的大体量破坏了旧城结构，不是一个处理得当的例子，但仅从微观角度看，它的室内细节表达有可取之处。如各楼层面向中庭的金属帘幕，是从传统的竹帘变形而来的，营造了透与不透之间的含蓄意境；栏杆、室内墙面上凸起的金属装饰，以及入口墙壁上的阴刻图案，均源于传统的兰花草形式（图 4-21）。传统的图案纹样，经过现代材料的重新解读，从一定程度上唤起了人们对传统美的记忆。

位于东二环东四十条桥西南角，由美国 SOM 公司设计的北京新保利大厦（图 4-22），在西侧和南侧外墙设置了单元式玻璃幕墙和石材百叶外遮阳系统。从技术角度看，这是针对北京春秋分、冬夏至的

室内

金属帘幕

室内墙面

入口墙面

栏杆

图 4-21　国家大剧院细部装饰

北侧外观　　　　　　　　　南侧外观　　　　　　　　　细部

图 4-22　北京新保利大厦

日照采光，防眩光进行模拟分析以后的结果。夏季，遮阳百叶可有效阻止热能进入室内，降低空调负荷，同时石材的温润色泽优于金属百叶，不会对城市造成眩光污染；冬季，暖暖的阳光可最大限度地进入室内，降低空调采暖能耗[⊖]。从审美的角度看，百叶和玻璃幕墙形成的双层外窗立体层次同传统窗格的装饰意向形成了呼应。中国传统建筑的窗扇往往具有一定的雕饰格构，窗户纸裱糊在里层，雕饰格构在外层，形成一种立体层次，而北京新保利大厦在玻璃幕墙外再设置一层竖向石质百叶，也形成了类似的装饰重叠的立体层次。

　　还有位于东二环西侧的北京喜剧院（图 4-23），幕墙外装饰有木色竖向百叶。百叶的颜色和纹理、划分的尺度和比例，很容易使人联想起传统建筑中的装饰构件——竹帘。竹帘在传统建筑中多被用于室

　　⊖　刘杰，王乐文，陈珊 . 北京新保利大厦设计 [J]. 建筑学报，2009，（7）：49.

外观   细部

图 4-23 北京喜剧院

内，可在大空间中起到分隔作用，也可挂于门窗阻隔视线和鸟虫。竹帘往往会增加空间的层次感，令空间隔中有透、实中有虚、静中有动，同中国文化中含蓄婉约的审美情趣相吻合，竹的材质又同传统文化中天人合一的自然意境相吻合。因此，经过材料转换、形式推敲，以及构造技术配合的百叶，通过形态上的关联，令观者体会到了竹帘所蕴含的美学意境，给钢筋水泥的建筑丛林带来了宁静、平和、隐于尘世的别样滋味。

技术要素同传统要素的叠印，传统建筑形态也常常作为传统意境的载体被引入现代建筑中。如位于亚运村的国家奥林匹克体育中心体育馆（图 4-24），是一个将技术同传统大屋面形态意向相叠印的实例。它运用当时属首创的斜拉网壳结构，塑造了一个和中国传统凹曲屋面类似的双坡屋顶，表达了中国建筑的意境。这种同结构相一致的形式表达，同之前生硬套用大屋顶的做法有本质的区别，是恰当而符合逻辑的。

还有位于银泰大厦裙房屋顶花园的酒吧"秀"（图 4-25），也是将现代钢结构技术同建筑传统形态相叠印的例子。银泰大厦位于东三

图 4-24　国家奥林匹克体育中心体育馆

（图片来源: http://upload.17u.com/uploadfile/2008/07/24/2/2008072414271556673.jpg）

环国贸桥西南角，是一组由三栋高层和裙房组成的，具有商业、酒店和办公功能的超高层建筑综合体。"秀"酒吧位于 5 层高的裙房之上，采用院落式布局，建筑单体为宋式建筑风格。建筑师虽然以《营造法式》为范本，确定了建筑柱高、屋面举折、建筑模数等尺寸，但是没有依循传统的技术构造做法，而是依据现实条件进行了灵活处理。如建筑出于防火要求，采用了钢结构；考虑到结构体系的合理性、场地条件制约以及装修、施工要求，建筑屋面并没有完全按照"举折"的要求计算坡度，同时用槽钢收口代替木檐口，简化外檐铺作，并取消了檐口角位升起的做法以呼应槽钢特性，还推敲了木装修同钢结构翼板之间的螺栓连接方式等技术节点[⊖]。这些做法说明建筑师对于传统木构建筑文化的借鉴，更多的是其尺度、形态等装饰层面上的形态美，这些传统建筑美学特征的营造，最终还是运用现代材料、新的构造技术和结构技术表现出来的。对二者的结合，建筑师这样评论："在钢结构

⊖　朱小地. 设计真相——关于银泰中心裙楼屋顶花园酒吧的创作笔记 [J]. 建筑学报，2009（11）：27.

鸟瞰

舞台

钢结构

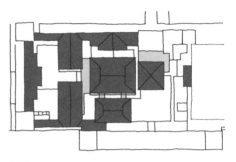

屋顶

屋架

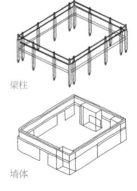

梁柱

墙体

主吧屋架结构

图 4-25 银泰中心屋顶花园酒吧 "秀"

（图片来源：鸟瞰、舞台：银泰中心屋顶花园酒吧 [J].
建筑学报，2009（11）：21，23；
钢结构、屋顶、主吧屋架结构：朱小地 . 设计真相——
关于银泰中心裙楼屋顶花园酒吧的创作笔记 [J]. 建筑学
报，2009（11）：27，28）

屋架现场施工完成之后，虽然现场到处是建筑垃圾，周围是没有完工的银泰中心主体建筑，但以钢结构所建造起来的传统建筑的结构框架所表现出来的美妙之处已经跃然呈现在我的面前，让人肃然起敬。对传统建筑所蕴含的美学价值的充分认知，是通过认真依托《营造法式》进行设计才意识到的⊖。"

这些例子都展示了技术要素和传统要素恰当而协调共存的景象，其中的技术要素都具有先进性和适时性。无论是同传统要素的形态符号，还是同传统要素的内涵相复合，技术要素不能在复合的过程中退步，才不失复合策略的本意。

需要说明的是，依据传统、异质、普适这三种要素作为主体而提出的策略，不是独立割裂，而是具有相通性的。

例如，以传统要素为主体所提出的整体延续策略，就和以异质要素为主体所提出的分区选择策略具有部分内容和目标的重合，只不过前者更着重于"传统要素自身发展"这一问题，研究如何对传统城市结构进行强化和整合；后者更着重于"异质要素如何更好地融入北京"这一问题，探讨适应北京传统城市结构特点的策略。可以说，两种策略基于各自视角而提出，具体措施虽然不同，但均离不开其他要素的影响或制约，且两种策略具有共同目标——加强北京旧城的整体特性。

又如，以传统要素为主体所提出的局部渗入策略，同以异质要素为主体提出的布局演化策略，以及以普适要素为主体提出的横向复合策略也都具有相通性。三种策略的目标相同：均以促进传统要素、异质要素及普适要素之间平衡发展、避免缺失为目标；三者的区别主要

⊖　朱小地. 设计真相——关于银泰中心裙楼屋顶花园酒吧的创作笔记 [J]. 建筑学报，2009（11）：27.

在于：不同的设计条件下，设计者会依据客观与主观条件，选择不同的要素作为设计的重心和出发点。

当代建筑的发展体系是一个由传统要素、异质要素和普适要素三者共同构成的立体网络，每一要素的单独发展都不足以支撑建筑发展，每一要素的发展都离不开其他二者的影响或制约。同时，建筑创作是一个错综复杂的过程，场址、建设标准、建筑类型等条件千差万别，虽然能够定性地分析与研究各要素的发展机制与趋向，但很难对每一种影响要素进行量化及标准化的确定。同时，建筑创作由于同业主的喜好、设计者的审美取向、使用者的诉求都有着密切的关系，其过程和结果更加具有主观不可确定性。

因此在北京城市和建筑发展这一问题上，分而论之，提出以每一种要素为主体视角的策略，力图在混沌的影响因素中梳理出相对的重点和秩序。针对每一座个体建筑，需要综合考虑上述所提到的建筑现实条件及相关人的主观条件，进行综合地判断和选择，继而采用各有侧重的策略。

附录 A

北京历史大事及地域范围演变

表 A-1　北京历史大事及地域范围演变表

年代	朝代（时代）	大事	地理范围（遗址所在地）	名称	是否属今北京区域
约 70~50 万年前	旧石器时代早期	出现"北京猿人"	房山周口店地区	记载不详	是
约 20~10 万年前	旧石器时代中期	北京猿人进化为"新洞人"			
约 18000 年前	旧石器时代晚期	出现"山顶洞人"			
约 10000 年前	新石器时代早期	发现居住遗址	海淀、朝阳、门头沟、房山、通州、平谷、怀柔、密云、昌平、延庆等		
约 4000 年前	新石器时代晚期	出现从事原始农业与畜牧业的聚落			
约前 26 世纪初	开始进入奴隶社会	传说：黄帝部落与炎帝部落联合，与九黎部落会战于"涿鹿之野"即北京地区，擒杀蚩尤	估计：八达岭外，河北怀来县	传说：幽都	否
前 1600~前 1046 年	商	商的方国燕国是北京地区见于史籍最早的奴隶制国家	平谷刘家河、房山琉璃河董家林等	记载不详	是
前 1027 年	西周	周封召公于北燕，以蓟城为都	今北京城的西南部，即北京南城（外城）西便门、白云观一带	蓟城	
前 314 年	战国	齐人伐燕，攻入蓟城			

（续）

年代	朝代（时代）	大事	地理范围（遗址所在地）	名称	是否属今北京区域
前285年	战国	燕昭王败齐，并以武阳（今河北易县）为下都	今河北易县	武阳	否
前226年		秦军攻入蓟城，4年后燕亡	今北京城的西南部，即北京南城（外城）西便门、白云观一带	蓟城	
前221年	秦	秦始皇统一中国，蓟城一带属广阳郡，置居庸关			
前206～公元25年	西汉	燕地仍称广阳，郡治仍在蓟城		广阳（蓟城为治所）	
25～220年	东汉	称幽州，下辖广阳（郡治仍在蓟城）、渔阳等十一郡			
265～317年	西晋	仍称幽州，治所仍在蓟城。始建潭柘寺		幽州（蓟城为治所）	是
317～420年	东晋南迁，五胡十六国混战时期	幽州先为前赵、后赵、前燕、前秦、后燕、南燕和北燕所据，最后归北魏，州治仍在蓟城	今北京城的西南部，即北京南城（外城）西便门、白云观一带（丰台地区大葆台发现汉墓）		
525年	北魏	杜洛周在上古郡（今延庆）发动农民起义，败。后幽州先后归属东魏、北齐、北周		蓟城	
581年	隋朝	归于隋朝，仍称幽州，后改涿郡，治所仍在蓟城。隋开通京杭运河，北达蓟城。隋炀帝起兵伐高丽，坐临蓟城，败。隋代开始镌刻房山石经		幽州/涿州（蓟城为治所）	

（续）

年代	朝代（时代）	大事	地理范围（遗址所在地）	名称	是否属今北京区域
618 年	唐	归于唐朝。复改涿郡为幽州	东城墙在今北京内城西南宣武门内、外大街西侧，南墙在今外城白纸坊街一带，西墙在今白云观西，北墙在宣武门内新文化街一线	幽州（蓟城为治所）	是
645 年		唐太宗用兵辽东、高丽，以蓟城为基地，败。696 年建悯忠寺			
742 年		改称范阳郡，治所仍在蓟城		范阳（蓟城为治所）	
756 年		唐范阳节度使安禄山发动叛乱，自称大燕皇帝，以范阳为燕京。乱后，复称范阳郡为幽州，治所仍在蓟城		燕京／幽州（蓟城为治所）	
911 年	后梁（五代十国）	刘守光自称大燕皇帝，以蓟为京，三年而亡		蓟城	
936 年	后唐	河东节度使石敬瑭即后晋皇帝位，割幽云十六州与契丹。契丹改称大辽，称幽州为燕京，后称南京		燕京（南京）	
1004 年	宋、辽	宋辽订立"澶渊之盟"，宋每年向辽输贡，买得暂时和平			
1122 年	宋、辽、金	辽大败于金，燕京成为辽之临时京城，随即被金所占			
1153 年	南宋、金	金迁都燕京，改称中都。正式成为具有全国性意义的显赫朝廷的都城	在辽燕京城旧基上改建而成，东、南、西三面城墙从辽燕京城外拓，北墙仍为辽燕京北墙，在今北京内城南墙即宣武门一线稍北，东墙在宣武门外大街以东	中都	
1215 年		蒙古军攻占中都，改称大兴府。金迁都南京（今开封）		大兴府	

（续）

年代	朝代 （时代）	大事	地理范围 （遗址所在地）	名称	是否属 今北京 区域
1267 年	元（1271 年 始）	蒙古开始另建新城， 1271 年建立元朝，次 年忽必烈迁都新城， 改称大都	东、西墙分别与以 后明清北京内城的 东西墙在同一直线 上，南墙较后者往 北近二里[⊖]，北墙 较后者北墙往北约 五里	大都	是
1368 年	明	明军攻占大都，改大 都为北平府		北平府	
1403 年		明成祖改称北平为北 京		北京	
1407 年		明始建北京城池、宫 殿、坛庙，1420 年基 本建成	在元大都基础上缩 北部城墙		
1421 年		明成祖迁都北京	南部城墙向南拓展		
1564 年		明修建北京外城			
1644 年	清	李自成率农民军攻入 北京，但迅即被清朝 取代。清定都北京			
1912 年	北洋军阀时 期	清宣统帝退位，北京 成为北洋军阀时期的 中国首都	增加外城东西 7950m，东至今广 渠门一带，西至今 广安门一带；南北 3100m，南至永定 门一带		
1927 年	中华民国	中华民国奠都南京， 改北京为北平		北平	
1937 年		日军侵占北平，至 1945 年光复			
1949 年	中华人民共 和国	中华人民共和国成立 并定都北京		北京	

注：表中内容根据萧默编著的《巍巍帝都——北京历代建筑》（清华大学出版社，2006）第 325~326 页以及正文相关内容整理。

⊖ 1 里 =500 米。

各历史时期北京辖区和城址地域范围图

图 B-1　北京地区石器时代遗址、墓葬分布示意图

（图片来源：北京大学历史系《北京史》编写组．北京史 [增订版][M]．北京：北京出版社，
1999：7.）

252

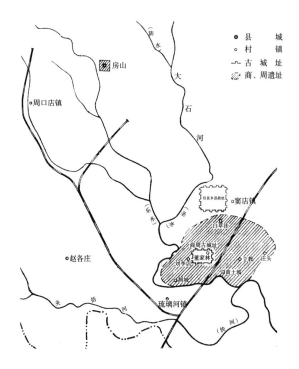

图 B-2　商周古城址示意图

（图片来源：北京大学历史系《北京史》编写组. 北京史 [增订版]
[M]. 北京：北京出版社，1999：27. ）

图 B-3 辽析津府行政辖区示意图

（图片来源：北京大学历史系《北京史》编写组．北京史 [增订版][M]．北京：北京
出版社，1999：77．）

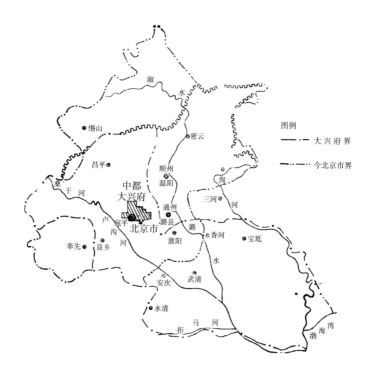

图 B-4　金大兴府行政辖区示意图

（图片来源：北京大学历史系《北京史》编写组．北京史 [增订版][M]．北京：北京
出版社，1999：93．）

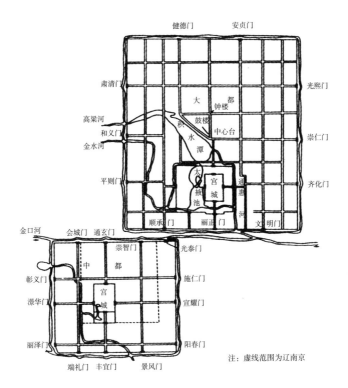

图 B-5 金中都、元大都位置图

（图片来源：萧默．巍巍帝都——北京历代建筑 [M]．北京：清华大学出版社，2006：39.）

256

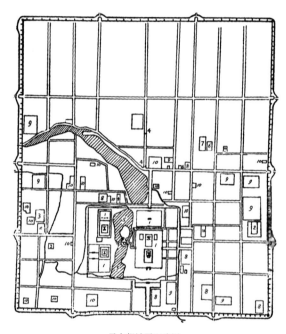

元大都城平面略图

1宫殿 2太庙 3社稷坛 4钟鼓楼 5太掖池 6文庙
7国子监 8衙署 9仓库 10寺庙

图 B-6 元大都城平面略图

（图片来源：北京大学历史系《北京史》编写组．北京史 [增订版]
[M]．北京：北京出版社，1999：112.）

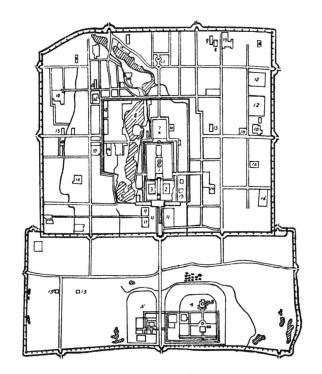

明清北京城平面略图

1 宫殿　2 太庙　3 社稷坛　4 天坛　5 先农坛　6 太掖池（三海）
7 景山　8 文庙　9 国子监　10 诸王府公主府　11 衙门　12 仓库
13、14、15 寺庙　16 贡院　17 钟鼓楼

图 B-7　明清北京城平面略图

（图片来源：北京大学历史系《北京史》编写组 . 北京史 [增订版][M].
北京：北京出版社，1999：302.）

参考文献

[1] 萧默. 巍巍帝都：北京历代建筑 [M]. 北京：清华大学出版社，2006.

[2] 陈希同. 再谈"夺回古都风貌" [J]. 北京城市规划，1995（1）：6.

[3] 朱自煊. 关于夺回古都风貌的几点建议 [J]. 北京规划建设，1995（2）：5.

[4] 春光. 中国经济体制改革大事记 [J]. 党员之友，2003（22）：27.

[5] 高勇. 改革开放 30 年北京阶级阶层结构的变迁 [J]. 北京社会科学，2009
（2）：45.

[6] 赵卫华. 北京市社会阶层结构状况与特点分析 [J]. 北京社会科学，2006
（1）：13-17.

[7] 李培林，陈光金，张翼. 社会蓝皮书：2016 年中国社会形势分析与预测
[M]. 北京：社会科学文献出版社，2015.

[8] 马国馨. 三谈机遇和挑战 [J]. 世界建筑，2004（7）：21.

[9] 邹德侬. 中国现代建筑史 [M]. 天津：天津科学技术出版社，2001：247.

[10] 北京市土建学会城市规划专业委员会. 举行维护北京古都风貌问题的学术
讨论会 [J]. 建筑学报，1987（4）：23-29.

[11] 京京. 北京开展夺回古都风貌的讨论收到良好效果 [J]. 城市规划通讯，
1994（17）：5.

[12] 马俊如，孔德涌，金吾伦，等. 全球化概念探源 [J]. 中国软科学，1999(8)：
7，8.

[13] 王述英，高伟. 产业全球化及其新特点 [J]. 理论与现代化，2002（1）：39.

[14] 约翰·诺尔贝格.为全球化申辩 [M]. 姚中秋，陈海威，译.北京：社会科学文献出版社，2008.

[15] 杨伯溆.全球化：起源、发展和影响 [M]. 北京：人民出版社，2002.

[16] 郁建兴.全球化：一个批评性考察 [M]. 杭州：浙江大学出版社，2003.

[17] Anthony Giddens. The Consequences of Modernity[M]. Cambridge：Polity，1990.

[18] 路红亚.论政治全球化对当代中国政治文明建设的双重效应 [J]. 求实，2007，（6）：62.

[19] 张彤.整体地区建筑 [M]. 南京：东南大学出版社，2003.

[20] 单军.批判的地区主义批判及其他 [J]. 建筑学报，2000（11）.

[21] 袁牧.国内当代乡土与地区建筑理论研究现状与评述 [J]. 建筑师，2005（6）：23.

[22] 沈克宁.批判的地域主义 [J]. 建筑师，2004，（10）：46.

[23] Alexander Tzonis，Liane Lefaivre. 批判性地域主义——全球化世界中的建筑及其特性 [M]. 王内辰，译.北京：中国建筑工业出版社，2007.

[24] 郑时龄.全球化影响下的中国城市和建筑 [J]. 建筑学报，2003（2）：7.

[25] 郑时龄.当代中国城市的一个"核心"问题——全球化带来的城市空间与建筑的"趋同性" [J]. 中华建设，2004，（5-6）：10.

[26] 朱涛.大跃进——解读库哈斯的 CCTV 新总部大楼 [J]. 新建筑，2003(5)：6.

[27] 王军.采访本上的城市 [M]. 北京：生活·读书·新知三联书店，2008.

[28] 薛求理.全球化冲击——海外建筑设计在中国 [M]. 上海：同济大学出版社，2006.

[29] 孔祥鑫.北京："十三五"时期压减建设用地总规模 [EB/OL]．（2016-12-4）[2017-9-7]．http：//news.xinhuanet.com/house/2016-12-04/c_1120047455.htm.

[30] 北京市规划委员会通州分局.《北京城市总体规划》（2004~2020 年）第四章　新城规模 [R/OL].（2010-3-14）[2017-9-7]. http：//www.bjghw.gov.cn/web/static/articles/catalog 76100/article ff8080812 71d5bde01275c2a6b4900c6/ff808081271d5bde01275c2a6b4900c6. html.

[31] 北京市规划委员会通州分局.《通州新城规划》（2005~2020 年）第十四章　城市设计引导.[R/OL].（2010-3-14）[2017-9-7].http：// www.bjghw.gov.cn/web/static/articles/catalog 76100/article ff8080 81271d5bde01275c3c292100da/ff808081271d5bde01275c3c292100d a.html.

[32] 王世仁.民族形式再认识 [J]. 建筑学报，1980（3）：27.

[33] 邹至毅.必须在建筑科学中贯彻"百家争鸣" [J].建筑学报，1956（7）：60.

[34] 张立文.20 世纪中国儒教的展开 [J]. 宝鸡文理学院学报（社会科学版），2001（4）：2.

[35] S.N. Eisenstadt. Reflections on Modernity[M]. Leiden；Boston：Brill，2006：284.

[36] 窦丽萍.西方价值观及其对中国的影响 [J]. 传承，2008（9）：116.

[37] 中华人民共和国建设部.民用建筑设计通则：GB 50352—2005[S]. 北京：中国建筑工业出版社，2005.

[38] 罗健中.北京三里屯之演化——三里屯 Village 实例分析 [J]. 建筑学报，2009，（7）：88.

[39] 王桂山.论近代开端前后西欧商业价值观的形成 [J]. 扬州教育学院学报，2007（3）：44.

[40] 林美慧.北京新建筑 [M]. 北京：中国青年出版社，2009.

[41] 寇鹏程，周鑫.西方审美价值取向的流变 [J]. 晋阳学刊，2002（2）：41.

[42] 万书元 . 当代西方建筑美学新思维（上）[J]. 贵州大学学报（艺术版），2003，（4）：67.

[43] 田宏 . 数码时代"非标准"建筑思想的产生与发展 [D]. 北京：清华大学，205：36.

[44] 吴洪德 . 自返其身的建筑工作——国家体育场"鸟巢"中方总建筑师李兴刚访谈 [J]. 时代建筑，2008（4）：47-48.

[45] 周庆琳 . 梦想实现——记国家大剧院 [J]. 建筑学报，2008（1）：6.

[46] 胡越 . 几何游戏——北京望京科技园二期设计 [J]. 时代建筑，2005（6）：103.

[47] 李菁，王贵祥 . 清代北京城内的胡同与合院式住宅——对《加摹乾隆京城全图》中"六排三"与"八排十"的研究 [J]. 世界建筑导报，2006，（7）：6.

[48] 侯幼彬 . 文化碰撞与"中西建筑交融"[J]. 华中建筑，1988（3）：9.

[49] 时殷弘 . 普遍主义、特殊主义和综合的中间立场——关于全球性挑战的一种论析 [J]. 当代世界与社会主义，2009（4）：77.

[50] 张通 . 清华大学环境能源楼——中意合作的生态示范性建筑 [J]. 建筑学报，2008（2）：37.

[51] 刘杰，王乐文，陈珊 . 北京新保利大厦设计 [J]. 建筑学报，2009，（7）：49.

[52] 朱小地 . 设计真相——关于银泰中心裙楼屋顶花园酒吧的创作笔记 [J]. 建筑学报，2009（11）：27，28.